すごい家電

いちばん身近な最先端技術

西田 宗千佳　著

ブルーバックス

取材協力：パナソニック株式会社

カバー装幀／芦澤泰偉・児崎雅淑
ミニチュア製作・撮影／水島ひね
本文デザイン／あざみ野図案室

はじめに

私たちが日々暮らすなかで、家電のお世話にならない日はありません。テレビのような娯楽機器から、洗濯機・冷蔵庫のような「生活家電」とよばれるもの、そして、照明機器や電気給湯器のような住宅にひもづくものまで、バリエーションは豊かです。それほど、「電気」というエネルギーが使いやすく、私たちの生活にとって基盤となるものである、ということを示しています。

必要不可欠な家電機器ですが、ここ数年、どうも旗色がよくないように思えます。20世紀後半、私たちの生活が豊かになっていく上昇曲線と、家電製品が家庭に普及していくペースとは、同じような軌道を描いていました。

しかし現在、各家庭にモノがいきわたり、以前ほど家電製品に注目が集まりにくくなっています。家電はもはやあたりまえのもの、新しいテクノロジーとは無縁……、そんなふうに思っていないでしょうか。

——でも、違います。

家電製品は、忙しい私たちの家事の手間を軽減してくれたり、生活に潤いや楽しみを与えてくれたりと、実にたくさんの役割を果たしてくれています。各家庭に必ず十数種類はある家電の“お目付け役”として、節電と省エネに努める家電も登場しています。

そのような多様な機能を実現するには、さまざまな科学的背景に基づく知識と、新たな技術開発が必要です。毎日なにげなく使っているあの家電もこの家電も、実は、おどろくほど高度な知恵とテクニックの組み合わせで成り立っているのです。

本書の目的は、さまざまな家電の背後にひそむ科学的なしくみや工夫、それを支える発想と知恵とテクニックを、製品ジャンルごとに解説することにあります。

家電はすでに100年近くの歴史をもつ産業です。各製品それぞれに来歴があり、そこからは、家電製品が私たちの生活に定着し、同時に日々の暮らしのあり方に変化を促してきたプロセスが見えてきます。本書では、IT機器を除く家電全17製品をジャンル分けし、それぞれが稼働する原理やしくみ、発展の歴史を解説しました。

家電にまつわる知識には、耳にしたとたんに「どうしても誰かに伝えたくなる」ものも少なくありません。本書ではそうした知識を「Trivia」として抽出し、強調表示しました。みなさんもぜひ、誰かに伝えてみてください。

本書の執筆・制作にあたっては、パナソニック株式会社に全面的にご協力いただきました。パナソニックは、調理家電からAV機器、住宅設備にいたるまで、あらゆる家電を手がける総合メーカーです。しかも、その生産設備や工場、研究施設の多くが国内に存在します。

多種多様な家電に関する知識を直接、技術者・開発担当者に尋ね歩くには、同社にご協力をお願いするのが最適と判断しました。本文中で具体的な事例として紹介する製品群についても、多数の情報・資料をご提供いただいています。

各製品の生産拠点を訪れて、実際に開発を担当した方々から伺ったお話は、長年この産業を取材してきた私にとってもおどろきの連続でした。本書を通じて、最も身近な先端技術の粋である家電のすごさを、ぜひ体感していただければと思います。

そして、開発の裏側に隠された技術者たちの知恵と工夫を、どうかお楽しみください。それらを知ることで、きっともっと家電が身近なものになり、好きになっていただけると確信しています。

2015年12月

西田 宗千佳

すごい家電　もくじ

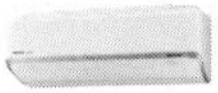

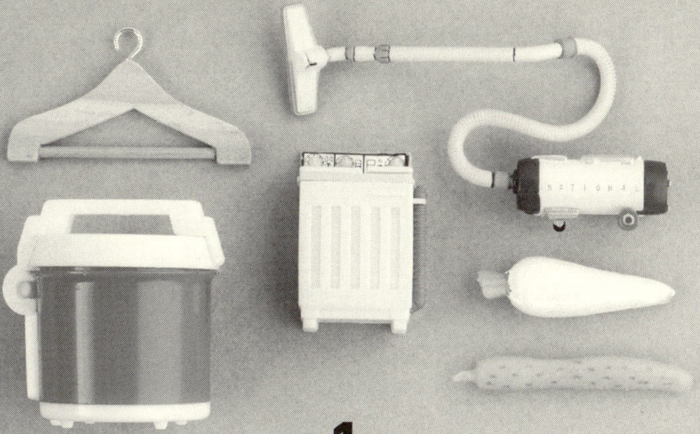

第1章 生活に欠かせない家電

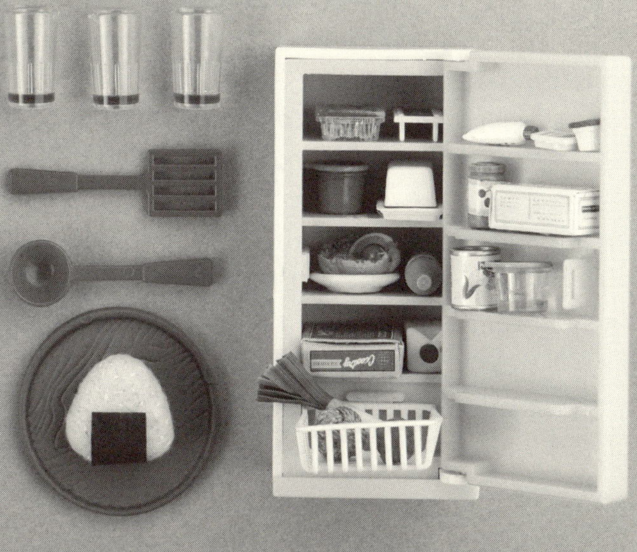

#01 洗濯機

ライフスタイルの変化が進化の原動力

ぜいたく品の象徴だった!

現代の日常生活に必要不可欠な家電の代表格が「洗濯機」です。汚れた衣服を手で洗うのは古来、負担の大きい家事労働の1つであったため、簡便化の試みとして、電気が普及する以前から、さまざまな機器が作られてきました。

「電気洗濯機」が登場したのは1908年のこと。まずは、家庭への電気の普及が早かったアメリカで広がりました。アメリカで作られた洗濯機が輸入される形で、日本でも第二次世界大戦前から使われていましたが、本格的な普及は1950年代に入ってから始まりました。

洗濯機の基本的なしくみは、モーターで洗濯物と大量の水をかきまぜるというものですから、今も昔も、消費電力が比較的大きい家電です。

Trivia

そのため、1950年当時は「出力100W以上の家電はぜいたく品である」とする物品税の対象となっていました。この制限が1953年に撤廃されたことで、日本でも家庭用洗濯機の普及に弾みがついたのです。

この変化は他の家電の普及にも大きな影響を与え、以降、洗濯機は日本人の生活スタイルの変化に合わせ、ともに進化していくことになります。

どうして汚れがとれる?

洗濯機には現在、さまざまな種類があり、異なる形やしくみを採用していることには当然、それ相応の意味と理由があります。その詳細を知るための前提知識として、洗濯の基本を説明しておきましょう。

最もシンプルな洗濯は、もちろん水ですすぐことです。表面についた土汚れなどは、これだけでもかなり落ちます。水に溶ける汚れが付着した場合、水の中で揉むとそれが溶け出し、衣服から離れていきます。生地の糸と糸の間に入った小さなホコリや汚れを取り去るには、衣服を揉んで、汚れを外に出すことが重要です。

しかし、それだけではとれない汚れもたくさんあります。典型的なものが「油汚れ」です。洗濯物における油汚れには、オイルなどがかかったものだけでなく、身体から出る、いわゆる「皮脂汚れ」も含まれます。油脂成分は水に溶けないため、一度衣服についてしまうとなかなかとれません。

そこで出てくるのが「洗剤」です。洗剤は、水に親和性をもつ「親水基」と、水には親和性が低いものの、油とはくっつきやすい「疎水基」のセットで成り立っています。疎水基が油とくっつき、親水基でそれを包むことで水の中へと油脂成分を溶かし出す「界面活性剤」の役割を果たし、衣服から汚れを取り去ります（図1－1）。

もうお気づきの方もいるでしょう。単純に「汚れを衣服から取り去る」機能だけでいいのなら、必要なのは大量の水と洗剤であり、洗濯機は不要です。実際、洗濯機が普及する以前は人力で洗濯していたわけですし、私たちも時には「手洗い」をします。

しかし、水の中で衣服を揉んで汚れをとるのは重労働ですし、その後に脱水し、乾かすところまで考えるとさらに

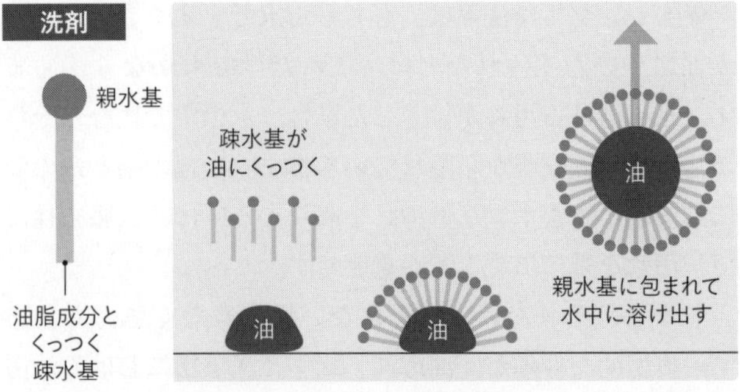

図1-1　洗剤が汚れを落とすしくみ

大変です。洗濯機は本質的に、重労働を軽減するための機械であり、「手間を省くこと」が主目的なのです。

人々の暮らし方・働き方はさまざまです。省力化を行う際には、「どういう手間を」「どのような形で」省くかが重要ですから、洗濯機は国によって、求められるものが特に大きく違ってくる製品になっています。また、日本人の暮らし方の変化に応じて、スタイルを変えてきた製品でもあります。どう違うのか、どう変わってきたかを、じっくり見ていきましょう。

「洗濯コース」がたくさんある理由

省力化に加え、現在の洗濯機に求められる要素に「省資源」があります。水も電気も無限ではありませんから、可能なかぎり節約できることが望ましいのは言うまでもありません。洗剤についても、単に量が多ければ効果的というわけではなく、「洗濯する量と汚れの内容」に合わせて、最適な「洗濯環境」(図1-2) が存在し、その中で適量を使うことが求められます。その結果、水も電気も自然に節約できることになります。

あらゆる「節約」を実現するには、野放図に「揉んで洗って、すすぐ」のではなく、適切なしくみと綿密なコントロールが必要になります。現在の洗濯機は、そのような要請を十分に考慮し、手間を減らすだけでなく、「洗濯環境を最適化し、あらゆるムダを省く」ことを目的に作られています。そこに、洗濯機におけるハイテクの出番がありま

洗濯量（乾燥布）	粉末合成洗剤			液体洗剤
	水30Lに対して20g使用のもの	水30Lに対して15g使用のもの	水30Lに対して25g使用のもの	水30Lに対して20mL使用のもの
約6.0kg以下	33g	25g	41g	20mL
約3.0kg以下	23g	17g	29g	18mL
約1.5kg以下	13g	10g	16g	15mL
約6.0kg以下	23g	17g	29g	14mL
約3.0kg以下	16g	12g	20g	10mL
約1.0kg以下	10g	8g	13g	15mL

図1-2　さまざまな「洗濯環境」の例　この数

す。

加えて、「よりしっかり汚れを落とす」工夫も重要です。洗剤は、単に水に溶かせばいいというものではありません。適切な濃度で適切な温度の水に溶いた場合と、そうでない場合とでは汚れ落ちに大きな差が出るのです。洗剤の量が適切でなかったり、汚れが多かったりする場合には、一度水に溶け出た汚れが洗濯物に再付着する可能性もあります。

汚れや洗濯物の色・素材によって、衣類の動かし方や洗剤の濃度などに違いが生まれますが、それを完璧に理解して衣類を洗うのは容易ではありません。洗濯機が「どういう洗濯をするのか」を判断した上で、適切に動かす必要があります。

現在の洗濯機には、さまざまな「洗濯コース」が用意されています。上記のような細かな条件に合わせて、適切な洗濯を行うためです。ただ、いちいち設定するのは案外面

	ソフト仕上剤		酸素系液体漂白剤	
	衣類1.5kgに対して7mL使用のもの（コンパクトタイプ）	衣類1.5kgに対して20mL使用のもの	水30Lに対して40mL使用のもの	水30Lに対して30mL使用のもの
	28mL	60mL	33mL	25mL
	19mL	40mL	25mL	21mL
	11mL	30mL	17mL	17mL
	28mL	60mL	33mL	25mL
	19mL	42mL	25mL	21mL
	11mL	30mL	17mL	17mL

に応じて、「洗濯コース」が分けられる。

倒ですから、多くの人は「自動モード」だけを使っているのが実情でしょう。

現在の洗濯機では、洗濯槽が回転する際に感じる抵抗や内部のセンサーを使って「洗濯物の量」を自動判別し、乾燥時には乾き具合もチェックしています。洗濯時の水の汚れをセンサーで確認して、すすぎの状況をコントロールするといった自動化も行われています。

“洗濯の常識”は文化によりけり

現在の電気洗濯機は主に、「縦型（渦巻き式）」と「ドラム型」に分けられます。旧来型の技術で主流を占めているのが縦型、新技術として台頭してきたのがドラム型、ととらえている方も多いのではないでしょうか。特にドラム型については、2003年にパナソニックが「ななめドラム型」を市場に投入したことで、近年、急速に普及してきた印象があります。

Trivia

しかし実際には、縦型／ドラム型の違いは、技術の問題というよりも、「その国の生活スタイル」で決まっている部分が大きいのです。日本では約8割の洗濯機が縦型で、ドラム型は2割にとどまっています。対照的にアメリカやヨーロッパでは、ほとんどの洗濯機がドラム型なのです。

彼我の違いを生んでいる理由はなんでしょうか？

その疑問に答える前に、まずは縦型とドラム型の相違点を確認しておきましょう。

縦型は、バケツ状の形をした洗濯槽が縦に配置され、その中で洗濯物が、大量の水とともに回ることで洗濯が行われます。水が渦を巻くことから「渦巻き式」ともよばれま

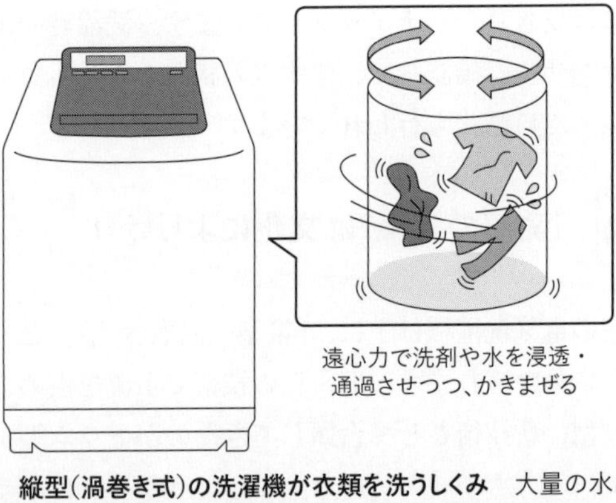
遠心力で洗剤や水を浸透・
通過させつつ、かきまぜる

図1-3　縦型(渦巻き式)の洗濯機が衣類を洗うしくみ　大量の水に汚れた衣類を浸し、洗濯槽の下部に取りつけられた回転装置で攪拌する。高速回転による遠心力で、洗剤やすすぎの水を衣類に勢いよく浸透・通過させる。機械による強力な「揉み洗い」。

す（図1－3）。激しい水の流れと、その際に衣服同士がこすれることで、水の中に汚れを落とすしくみです。縦型はそのしくみ上、ドラム型以上に大量の水を必要とします。

一方のドラム型は、洗濯槽が横に配置され、回転します。その際、水と洗剤を含んだ洗濯物はいったん上部に持ち上げられ、洗濯槽の底面に叩きつけられます（図1－4）。

両者は、ともに洗濯槽を回転させるものではありますが、洗濯物から汚れを取り去る方法はまったく異なるのです。

それでは、日本と海外で普及した洗濯機のタイプが異なる理由はなんでしょうか？

第一に、サイズが挙げられます。「持ち上げて落とす」しくみであることから、ドラム型はある程度のドラム径を

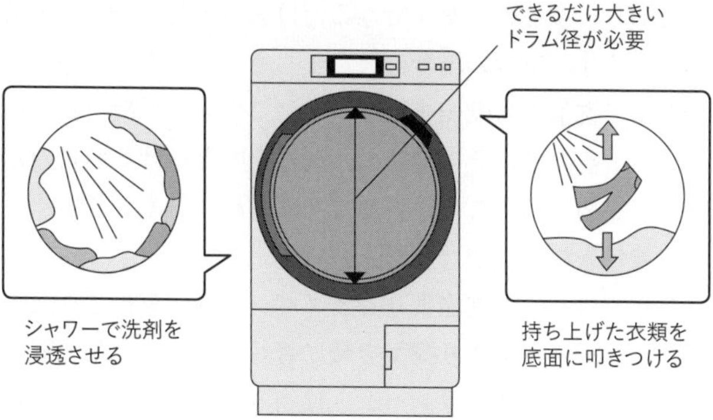

図1-4　ドラム型の洗濯機が衣類を洗うしくみ　横倒しになった洗濯槽の内壁からシャワーを噴射することで衣類に洗剤を浸透させ、同時に「押し洗い」する。槽が回転するたびに、衣類は槽の上部から底面に落とされ「叩き洗い」される。

必要とします。さらに、洗濯物が槽の中で自由に動かなくてはいけないので、ドラムいっぱいに詰め込むわけにもいきません。多くの洗濯物を洗うには、それだけ大きな洗濯機が必要になります。これとは対照的に、縦型はドラム型ほどスペースを要しません。

第二に、水の問題があります。

Trivia

欧米の水はカルシウムやマグネシウムの含有量の多い「硬水」が中心で、日本はそれらミネラル分の含有量が少ない「軟水」が一般的です。硬水は石けんとは相性が悪い傾向にあるため、欧米の洗濯洗剤には水を軟水化する薬剤が入っています。さらに、汚れ落ちをよくするため、温水を使って洗うのが一般的です。

欧米ではまた、洗濯機に「乾燥機」がつきものです。日本では「物干し竿にかけられた真っ白な衣類」が洗濯の象徴であり、多くの人が「できるだけ天日干ししたい」と考えています。欧米の場合は天日干しを求める人はきわめて少なく、洗濯から乾燥までを一挙にこなす洗濯機が喜ばれます。ドラム型はその構造上、温風を吹きつける形式の乾燥機能を組み込むことが容易であるため、日本より早く乾燥機能付き洗濯機が普及しました。

日本では、乾燥機能よりも省スペース性が重視されたことから、ドラム型より縦型を軸に普及が進みました。縦型の場合、乾燥機能をコンパクトに組み込むには技術的課題がありました。ただし、洗濯物を天日干しする前提なら、乾燥機能よりも、乾燥を助ける「脱水機能」のほうが優先度が高くなります。

そうした事情から、手絞り式の脱水機能を経て、洗濯槽と脱水槽を分けた「二槽式」が登場することになりました。多数の穴があけられた脱水槽は、それ自身が回転することで、中の洗濯物を遠心力によって槽の内壁にくっつけ、同時に水が外へ排出される、ある種の遠心分離機です。一度の洗濯の途中で、2つの槽の間で洗濯物を往復させていたことを覚えていらっしゃる方も多いでしょう。つづいて、洗濯・すすぎ・脱水までを自動で行う「全自動洗濯機」へと進化し、現在もこのタイプが主流になっています。

乾燥機能のコンパクト化に伴い、現在では縦型でも、乾燥までを自動で行う「全自動乾燥機能付き洗濯機」が普及しています。現在の高級洗濯機は、ほぼすべてが全自動乾燥機能付き洗濯機です。その前段階として、ドラム型の乾燥機と縦型の全自動洗濯機をセットにしたモデルも存在しましたが、2000年以降は一体型に移行が進んでいます。

ななめドラムが起こした革命

日本において長くつづいてきた「縦型優位」の潮流は現在、少しずつ変わり始めています。理由は、生活シーンの変化にあります。

特に都市部では、マンションなどの集合住宅に住み、1世帯あたりの家族数が少なく、共働きで時間の余裕が少ない、という生活スタイルの人々が増えています。彼らにとっては、洗濯物の量は少なめである一方、洗濯という作業にかけられる時間は短く、日中に洗濯物を干すのも困難です。こうした事情から、特に2000年以降、日本でも自動乾燥機能付き洗濯機のニーズが増してきました。

このような時代背景のなかで大きな付加価値を生んだのが、「ななめドラム型」の製品でした。

ドラム型洗濯機では、洗剤が溶けた水を衣類に染み込ませた上で、その衣類を、ドラムの回転によって「上から下へ叩き落とす」ことで、汚れを衣類からかき出します。落下距離を長くしたほうが洗濯の効率が高まるため、ドラムの直径は大きくなりやすい傾向にあります(図1－4参照)。

ここでドラムを「ななめ」に傾けてみたらどうでしょうか？　小さなドラムでもスペースをより有効に活用できるようになり、狭い場所にも設置できる、より実用的なドラム型洗濯機が実現できます（図1－5)。2011年にパナソニックが発売した小型ななめドラム型洗濯機「プチドラム

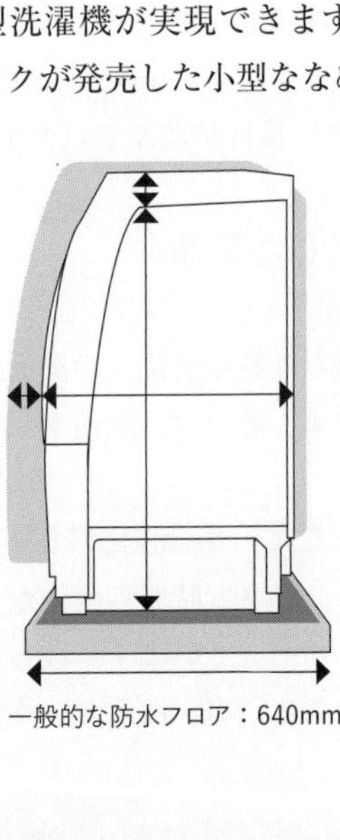

図1-5　省スペースを実現したななめドラム型　通常のドラム型と比較したシルエット。奥行きが12cm以上短くなり、一般的な防水フロアに収まるサイズに。高さは縦型洗濯機と同程度。

NA-VD100L」は、60cm × 60cm という、縦型洗濯機と大差ないスペースに設置できるサイズになりました。

ななめドラム型は、スペースを有効利用できるとはいえ、ドラムそのものが大きいわけではないため、一度に行える洗濯の量が限られるという“欠点”があります。しかし、ライフスタイルの変化によって、このことは必ずしも欠点ではなくなりつつあります。

1960 年代から 90 年代まで、日本は 1 世帯あたりの家族数が多く、より多くの洗濯物を洗う必要がありました。核家族化が進んだ後も、洗剤や水、電気を節約するために、洗濯はある程度まとめて行うほうが効率的という考え方が支配的だったこともあり、「一回の洗濯量が少ない」ことは、それだけでデメリットを抱えていたのです。

技術の進歩によって、少量の洗濯物を少ない水と電気で、短時間で、しかも洗濯から乾燥までを一挙に行う洗濯機が誕生しました。静音化も進んだ結果、帰宅後の夜間に、その日の汚れ物をさっと洗濯機にかける……という使い方が可能になりました。

特に、小型のななめドラム型洗濯機は、このような都市型のニーズに応える製品として開発されたものです（図1－6）。ドラム型が日本で普及し始めて 10 年が経過した今、初期にドラム型を買った消費者の中には、買い替え需要が出始めています。パナソニックが 2014 年に調査したデータによれば、ドラム型を買った人の 83 ％が「次もドラム型を買いたい」と回答しています。日本の生活シーンには合わないと言われてきたドラム型ですが、日本向けの改

図1-6　都市型ニーズに合わせた小型のドラム型洗濯機

善が進んだ結果､広く支持されるようになってきています。

ダム１杯分の節水を実現

すでに述べたように、洗濯機による洗濯は縦型もドラム型も、洗濯槽の中の洗濯物を、洗剤の混ざった水とともに動かすことで行います。しかし、洗剤の力を最大限に活かし、効率よく洗濯を行うには、さまざまな工夫が必要になります。

第一に「節水」です。日本は他国に比べ水資源が豊富ですが、それでも、水をムダにしていいわけではありません。特に、すすぎ時には水を大量に使うため、効率よく水を使うしくみが求められます。

Trivia

この点では、ドラム型が本質的に有利です。パナソニックの試算では、同社が販売したドラム型洗濯機で節水できる水の量は、10年間で黒部ダムの貯水量（約2億立方メートル、真水で約2億トン分）にも達します。

第二に「スピード」です。欧米タイプのドラム型では、温水に洗剤を溶いたものを衣類の上からかけ、衣類に浸透したところで洗濯を始めます。このため、洗濯終了までの時間が長くかかります。機種によって異なりますが、欧米タイプは5〜10分かけて洗剤が溶けた水を衣類に浸透させ、洗濯そのものも2時間程度かけてゆっくり行うものが主流となっています。

ところが日本では、ドラム型を選ぶ理由として「時間の短縮」を挙げる人が多いため、もっと素早い洗濯を実現しています。多くの国産ドラム型では、洗剤の溶けた水をシャワー状にして洗濯物に浴びせることで、より早く浸透させるようになっています。

最新のパナソニックの製品では、「シャワー状の水」から「泡」に変えることで効率アップを図っています。内部に、洗剤の溶けた水を泡状にする「泡生成ボックス」を用意し、そこでできた泡を洗濯物にかける「泡洗浄」という手法を採用しています（図1－7）。泡にして確実に浸透させることで、高速化とともに、襟足などの汚れがとれづらい部分をよりきれいにすることにも役立っています。

従来のドラム型洗濯機は、泥汚れ等の粒子汚れを落とすことを苦手としてきました。改良が加えられた現在のドラ

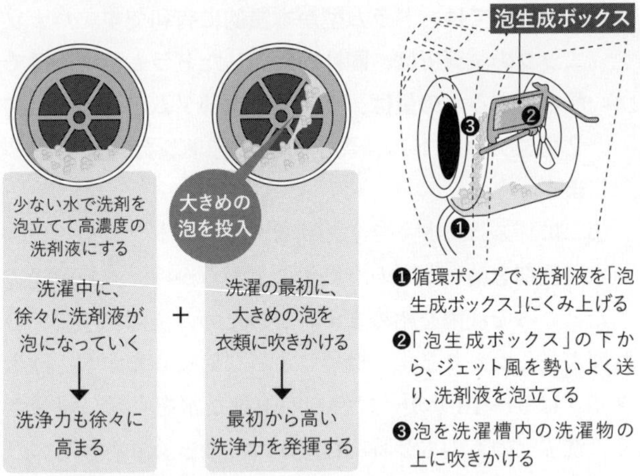

図1-7　泡による洗浄のしくみ　「泡生成ボックス」に洗剤液をくみ上げてジェット風で泡立て、洗濯槽内の衣類に吹きかける。

ム型では、洗濯時にドラムを急速反転させて内部で洗濯物を「おどらせる」ことで、汚れ落ちがよりよくなるようになっています。縦型でも同様に、内部の水の透明度などから汚れを判断し、洗濯槽の回転方向や速度を細かく変えることで、中の洗濯物が適切に動き回るよう設計されています。

もちろん、「とにかく激しく動かせばいい」わけではありません。衣類を激しく動かせば、布地を傷めることにつながりかねないからです。衣類を傷めず、シワも抑えながら最適な汚れ落ちを実現するためには、洗濯物を「傷めず動かす」ための水流コントロールが重要になってきます。

水温をどう考えるか

Trivia

汚れ落ちをよくするという意味では、欧米と同様、日本でも温水洗浄を採用する製品が増えてきました。人間の皮脂汚れの融点は37度前後とされていますので、お湯を使うことで皮脂汚れが水に溶け出しやすくなり、汚れ落ちにつながるのです。

水道水の温度は、季節や生活圏によってかなり違います。冬場に水を温めるのはどこも同じなのですが、夏場であっても、たとえば北海道では水温が下がりすぎるため、加熱して汚れ落ちを維持するようになっています。

Trivia

水温は高ければいい、というわけではありません(図1－8)。洗濯時に60度を超えると、こんどは色柄物で色落ちの原因につながります。そのため、色柄物用のコースでは、温度を低く保つように調整されています。

乾燥時も同様で、熱風を吹きつけると衣類の変形や縮みの原因ともなります。そのためパナソニックでは、高温の温風をヒーターで作り出して吹きつけるのでなく、除湿器に似た「ヒートポンプ」というしくみで、吹き出し温度65度という比較的低温の空気を吹きつけて乾燥させます。ヒートポンプは、エアコンや冷蔵庫、エコキュートなどの給湯器でも使われる技術ですので、くわしくはそちらをご参照ください。

ここで重要なのは、そうした機器で使われている技術に

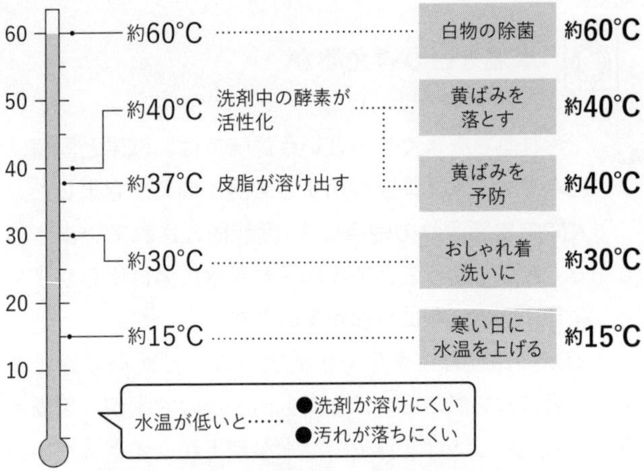

図1-8　洗濯物の種類によって最適な水温が異なる

は共通性があり、ヒートポンプのノウハウをうまく有効活用することが、よい洗濯機を作ることにもつながっている、ということです。

なお、これとは反対に「高温である」ことが重要な場合もあります。白い下着などでは、清潔さを保つ意味でも、一度高温にして洗濯したほうが除菌効果や洗浄力アップにつながります。そこで、いったん高温状態に導く「白い衣類専用のコース」も用意されています。

洗濯機にはさまざまな「コース」が用意されていますが、その理由は、洗濯や乾燥の時間を変えるだけでなく、洗濯物の種類によって最適な洗濯を行うためでもあります。その裏では、気候や気温に合わせた自動調整も働いているわけです。

02

冷蔵庫

気化と凝縮の熱交換器

“家電”化以前の歴史あり

多くの食材は、常温で長く置かれると腐敗が進んでしまいます。しかし、温度が低い場所に保存することで、雑菌の活動や化学変化が抑制されるため、より長期間保存しやすくなります。今ではあたりまえの存在である冷蔵庫が急速に家庭に普及した時代、私たちの食生活が受けたインパクトには多大なるものがありました。

冷蔵庫はそもそも、なぜ「冷える」のでしょうか？

冷蔵庫は早くも19世紀に誕生していますが、以降1950年頃までは、家庭用としては、内部に氷を入れて冷やすものが主流でした。つまり、つい70年ほど前までは、“家電”

ではなかったのです。

現在使われている「電気冷蔵庫」は、電気の力をどう使うことで冷やすのでしょうか？　電気で冷やすカギを握っているのが、「ヒートポンプ」です。

ポンプで熱を庫外に「追い出す」

ヒートポンプは、俗に「熱交換器」ともよばれます。特に、冷蔵庫に使われるヒートポンプは、庫内の空気がもつ熱を庫外へ積極的に追い出すことで、庫内を冷却する役割を果たします。

「エネルギー保存則」として知られる熱力学第一法則によって、世界全体で見た場合には、発生した熱は別の場所へ伝わって広がるだけで、なくなるわけではありません。冷蔵庫が「冷える」とは、庫内の熱が庫外へ移動する現象を指すのです。したがって、冷蔵庫を使うことで、冷蔵庫が設置されている部屋の温度は、若干ではありますが上昇することになります。

ヒートポンプは、次のようなしくみで動いています。

第一のポイントは、物質の「相変化」を利用することです。あらゆる物質は液体（液相）から気体（気相）へ、気体から液体へと相が変化する際に熱の移動を伴います（図1-9参照）。気体から液体になる場合は「凝縮熱」を生み、急激に液体から気体へと相変化する場合には、「気化熱」を得るために周囲から熱を奪います。

アルコールを腕に塗ったときに「ヒヤッ」とするのは、

アルコールが気化する際に腕から気化熱を奪って皮膚の表面を冷やすためです。

冷蔵庫を冷やす際にも、これと同じしくみを用いています（図1－9）。庫内の空気やヒートポンプが触れている金属から「気化熱」を奪って冷やすのです。気化熱を奪うことで生じた気体は冷蔵庫の外に回り、ふたたび熱を捨てて液体となって、庫内に戻ってきます。

第二に、「どうやって気化熱を得るか」が重要です。

気化熱は相変化に伴って、不足しているエネルギーを周囲から得る現象です。たとえば、水を熱するとやがてお湯になって100度で沸騰（気化）しますが、これは、外部から熱というエネルギーを供給しているために気化が生じています。ヒートポンプでは、気化熱を得るために相変化を

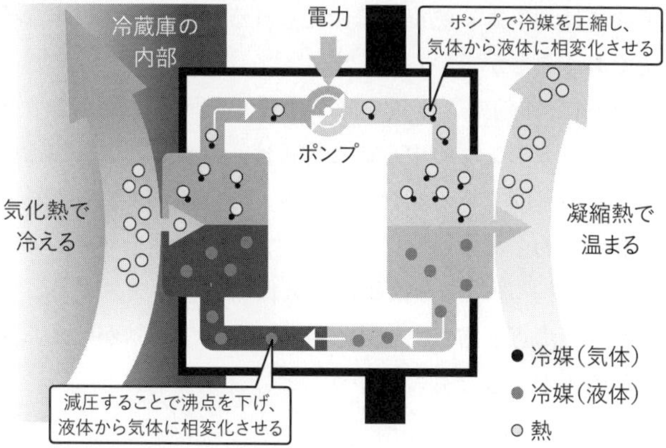

図1-9　冷蔵庫が冷えるしくみ　熱の発生と吸収を伴う「相変化」を利用したヒートポンプが使われている。

起こそうとしているわけですから、加熱する以外の方法で沸騰させる必要があります。
ここで使うのが「減圧」です。周囲の圧力が下がると、物質の沸点は下がります。高い山の頂きでは圧力をかけないとおいしくご飯が炊けませんが、その理由は、水の沸点が下がって、米がうまく煮えないためです。冷蔵庫を冷やす場合はまず、ポンプの中の気体を圧縮・液化しておき、冷蔵庫内を通るパイプの中で減圧することで、より低い沸点で気化が生じて、周囲から気化熱を奪います。また、いったん蒸発して気体になっても、こんどは周囲に熱を発散することで液体へと戻っていきます。そのため、効率よく周囲から熱を奪い、その後は速やかに熱を捨てて、ふたたびポンプで圧縮する……という工程が必要です。
高圧をかけて気体を循環させる必要があるため、ヒートポンプは効率よく熱を外に伝えられると同時に、堅牢な構造であることが求められます。
第三に、「効率よく熱を奪う物質」を使う必要があります。ヒートポンプの中を通る物質は、冷蔵庫のように冷やすことが目的である場合は「冷媒」とよばれます（温めることが目的である場合に「熱媒」という言葉を使うことがあります）。理想的な冷媒は、気化熱が多く発生する、すなわち、沸点と露点（気体が液体になって凝結が始まる温度）の差が大きなものということになります。

冷蔵庫の歴史は冷媒の歴史

電気冷蔵庫が発明された直後の19世紀末から1920年代までは、冷媒にはアンモニアが使われるのが一般的でした。アンモニアは低い圧力で液化しやすく、製造も容易であったからです。しかし、アンモニアは毒性が強く、臭気も強烈です。特に液状のアンモニアは非常に危険で、慎重な取り扱いが求められます。

ヒートポンプ内は密閉されています。しかし、どんなに堅牢に作ろうと破損する可能性はありますし、ごくわずかな量ではあっても徐々に漏れ出すことを完全に防ぐことはできません。そのため、長期間にわたって使われた冷蔵庫では、冷媒が抜けてしまって冷やす能力が低下することがあるほどです。

冷媒ガスが外に漏れ出る可能性がある以上、人体に安全で、しかも製造が容易なガスを使うことが求められます。

そこで開発されたのが「フロン類」ガスです。炭素・フッ素・塩素の化合物である「クロロフルオロカーボン」類ガスの総称で、1928年にゼネラルモーターズとデュポンが、家庭用冷蔵庫の冷媒として開発に成功したのが利用の始まりです。ちなみに、この冷媒の商標名は「フレオン」で、フロンは日本での俗称です。

製造が容易で理想的な冷媒として働き、化学的に安定で人体にも他の物質にも影響を及ぼしにくいフロンは、きわめて広汎な用途に使えることが判明しました。1980年代まで、冷蔵庫用の冷媒としてだけでなく、エアコン用の冷媒・熱媒として、さらには発泡スチロールの製造工程や家電製品のプリント基板の洗浄など、産業のあらゆる場面で用いられました。

日本特有の機能が仇に

しかし現在、20世紀に使われていた「フロン」と同じものは、ほとんど使われなくなっています。フロンの一部に、大気上層で「オゾン層」を破壊する性質を備えているものがあることが指摘されたためです。特に、オゾン層破壊の可能性が高いものを「特定フロン」とよびます。

フロンはきわめて安定した物質であり、その性質を変えることなく、オゾン層のある大気上部まで上昇していきます。特定フロンの場合、オゾン層で紫外線によって分離された結果、オゾンと反応性の高い物質を複数生み出し、急速にオゾン層そのものを破壊することが判明したのです。オゾン層の破壊は、地上に降りそそぐ紫外線量の増大を招き、皮膚がんや結膜炎を増加させるとみられています。

日本では、1988年からオゾン層破壊の可能性がある特定フロン類の利用は法による規制がかけられ、1996年に全廃されました。現在の冷蔵庫ではフロン類はまったく使われておらず、「ブタン（R600）」や「イソブタン（R600a）」を使うものが増えています。

炭化水素の一種であるブタンは、自然界に存在します。カセットコンロの中身として使われる、いわゆる「可燃性ガス」ですが、冷媒としての能力が高いことに加え、オゾン層にも影響を与えず、温室効果にも悪影響を与えにくい性質を備えています。欧米では日本に先行して利用が進んでいましたが、日本の冷蔵庫には1つの問題があり、なかなか普及しませんでした。

日本特有のその問題、何だか想像がつくでしょうか？

Trivia

「霜取り機能」です。日本は高温多湿のため、冷凍庫に霜がつきやすい傾向にあります。昔の冷蔵庫には大量の霜がつき、定期的に削り落とす必要がありましたが、現在の冷蔵庫はヒーターによる霜取り機能を備えており、そうした問題は起きません。

ところが、同じ機器の中にヒーターがあるということは、可燃性ガスを扱う上では問題です。ブタンを利用する冷蔵庫では、霜取り機能用のヒーターを、「氷を溶かすには十分だが、ブタンガスが発火する温度よりも十分に低い温度」までしか加熱しないようにしているのです。

「食材」が冷蔵庫の形を変えてきた

ところで冷蔵庫は、単に「冷える」だけで売れるほど甘い製品ではありません。デザインやサイズ面が、他の家電製品に比べてより重要なウエイトを占めています。「生活の変化が最も顕著に現れる家電製品が冷蔵庫である」といっても過言ではないでしょう。その背景にはもちろん、技術面における革新も大きく関わっています。

冷蔵庫が普及し始めた当初の1960年代までは、「食材はその日の分を毎日買うもの」でした。生鮮食料品は傷みやすく、冷凍食品も普及しておらず、巨大なスーパーマーケットが登場する以前ですから、食材をまとめ買いすることはまれだったからです。

やがて物流の整備が進んだことで、食材はこまめに買うより、ある程度の量をまとめ買いするほうがラクで便利……という生活様式へと変化していきました。冷凍食品の品質向上もあって、冷蔵庫の中に備蓄する食品の量は増加の一途をたどっていきます。

その結果、大型で容量が大きい冷蔵庫に対する需要が伸びてきました。その要請に応える過程で、冷凍室や野菜室の位置にも変化が生じます。

すでに説明したとおり、冷蔵庫はヒートポンプで庫内の空気を冷やしています。その上で、食料が温まることのないよう、断熱材で内部を覆っています。特に2000年前後に冷蔵庫に使われる断熱材が改善され、冷蔵庫の省エネ性能向上や大容量化へとつながりました。

冷蔵庫において、過去と現在とで明確に変わった点があります。冷蔵庫の「どこに」「何を」保存するか、です。

1980年代頃までの冷蔵庫は、最上段が冷凍スペースでその下が一般の冷蔵スペース、最下段が野菜室という構成が一般的でした。冷凍スペースは使用頻度が低く、野菜室もそう大量に入れることはないという考え方に基づいて設計されたものです。

ところが、冷凍食品が進化して多彩になり、アイスクリームも家族向けのボックスタイプで買い置きする習慣が定着した結果、冷凍スペースから食品を出し入れする機会が格段に増えました。また、野菜を買い置きする人が増えたことで、「野菜室が狭くて使いづらい」という不満の声がメーカーに寄せられるようになりました。

ユーザーからの要望に応じる形で、野菜室をより広くし、冷凍スペースを取り出しやすい下から2番めの部分に移設するメーカーが増えています。

実は難題だった冷凍室の移動

Trivia

意外に思われるかもしれませんが、実は冷凍スペースはどこにでも自在に配置できたわけではありません。配置のカギを握っていたのは、ヒートポンプの冷

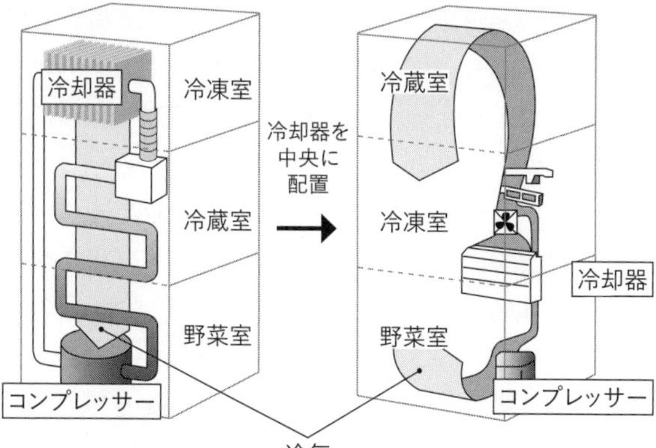

図1-10　冷却器のポジションチェンジによって冷凍室の移動に成功

却器をどこに設置するかということでした。

ヒートポンプは従来、冷蔵庫の最上部に配置し、その下に冷却器を置く構成になっていました（図1-10）。冷えた空気は上から下へ降りていくので、いちばん上が最も冷えているのが効率的だったのです。それを、使い勝手の面からの要請によって、構成を変えたわけです。

冷凍スペースを下げるという構成変化のためには、周囲に冷気が影響を与えないよう、従来より断熱のしくみを改善する必要がありました。こうした技術革新の結果として、冷凍食品を取り出すのがずっと楽になったというわけです。

野菜室を広くするには、別の技術的ブレイクスルーが必要になりました。

野菜室には従来、冷蔵庫の底面積の半分程度しか、奥行きを使うことができなかったからです（現在も、安価な冷蔵庫ではそうなっています）。理由は、ヒートポンプに必要なコンプレッサー（圧縮機）が、冷蔵庫の底面に設置されていたからです。

コンプレッサーは大きく、音や振動を立てやすい性質をもっています。冷蔵庫の重心を低く保って安定させるためにも、本体底面に設置する必要がありました。そのぶん、野菜室が狭くなることを余儀なくされていたのです。

そこで登場したのが、コンプレッサーを本体の最上部に配置する「トップユニット方式」です（図1-11）。これによって、野菜室に広いスペースを割り当てることが可能

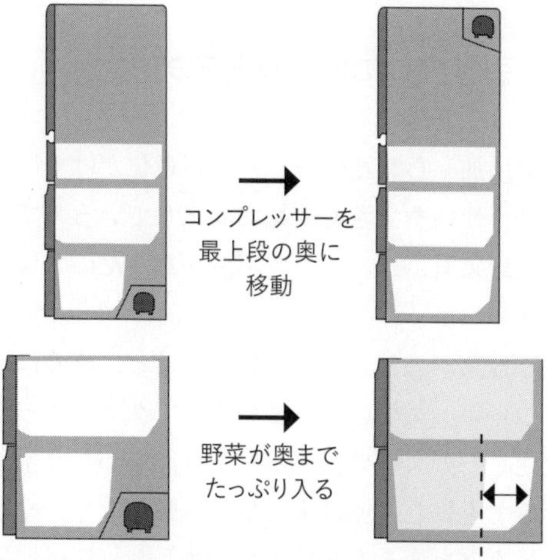

図1-11　コンプレッサーのポジションチェンジによって野菜室の拡大に成功
最上段の奥にあった死角が消えるメリットもある。

になりました。冷蔵室の最上段の奥はそもそも、なかなか手が届かず、活かしづらいスペースです。買い置きしていた食材をこのスペースに保管していたことをうっかり忘れて、消費期限が過ぎてしまったという経験は、誰でも一度はあるでしょう。

いわば“デッドスペース”に近かったそのような場所にコンプレッサーを配置するぶんには、不都合を感じる人はまずいません。トップユニット方式を実現する過程では、コンプレッサーを小型で振動の少ないものにする技術的工夫が要求されましたが、それを成し遂げたことで野菜室の拡大が現実のものとなりました。

引き出しに施された工夫

野菜室に加えられた改良は、大容量化だけではありません。実は、使いやすさも大幅に向上しているのです。

以前の野菜室には、こんな不満があったのではないでしょうか？

「奥まで野菜が入れられるのはいいけど、奥のほうの野菜が見えづらい。気づいたら使い忘れてダメになっていた」

巨大化した野菜室の引き出しを可能なかぎり手前まで引き出せるようにし、奥に入っている野菜も見えやすくなるよう、しくみを変える必要がありました。簡単に思えるかもしれませんが、実はなかなかの難題なのです。「スムーズに引き出せるレール」を作るのが大変だからです。

パナソニックの場合、野菜室と冷凍室の引き出しには、それぞれ48個のボールベアリングを組み合わせたレール

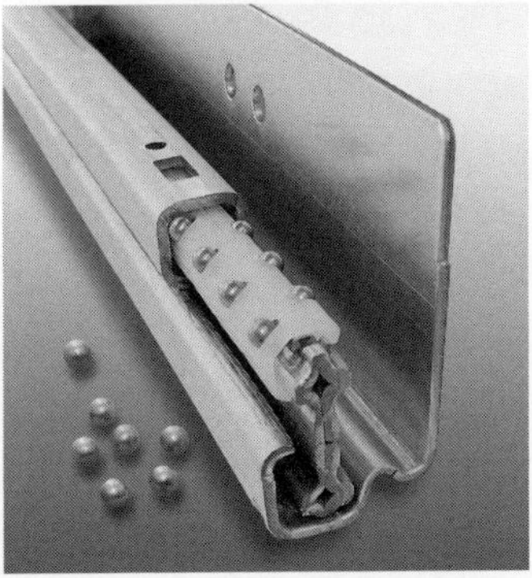

図1-12
48個のボールベアリングを組み合わせた引き出しのレール
システムキッチンからの応用で、軽く、大きく引き出せるレールを実現。

を使っています（図1－12）。もともとシステムキッチンに使われていたものを応用し、「引き出せる範囲が大きく、軽く動く」レールを実現したのです。

Trivia

開発担当者によれば、これを「冷蔵庫に使う」際に、ある問題が生じました。ボールベアリングをなめらかに動かすためのグリスが、低温では固まってしまい、動かなくなるのです。そこで、氷点下になっても固まらないグリスを探し出し、「スムーズな引き出し」を実現したのでした。

開発部隊が「野菜室の引き出しレール」で試みた工夫がもう１つあります。引き出しのレールは通常、「上側」についています。製造工程が簡便だからです。ところがこの設計では、レールの「下側」にどうしてもデッドスペースが生じます（図１－13）。これを解消するため、レールを引き出しの「下側」に配置した結果、容量をさらに大きくすることが可能になったのです。

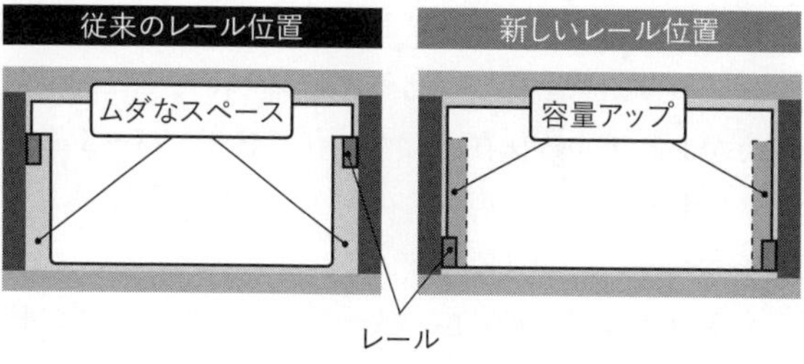

図1-13　野菜室のレールのポジションチェンジによって容量拡大に成功

かつての“不人気”機能が復活

ニーズの変化という点では、ある機能に着目すると面白い現象を知ることができます。

1980年代半ば、パナソニック（当時、白物家電では「ナショナル」をブランド名としていました）は「パーシャル」という機能を大々的にアピールしました。パーシャルとは、冷凍・冷蔵・チルドにつづく「第四の保存温度」として設定されたものです。

一般に、冷凍の温度は−18度。冷蔵が4度となっています。「チルド」は、水が氷に変わる0度です。アイスクリームや冷凍食品は「冷凍」が適切ですし、凍っては困る食材は「冷蔵」にします。一方、冷凍保存するわけではないけれど、凍結寸前の温度で保存したい食品は「チルド」に入れるよう使い分けられています。

パーシャルは、チルドよりも若干低い約−3度の温度に設定されています。食材中の水分は凍り始めている温度ですが、食材すべてが凍ってしまうことのない状態を保てます。いわば微凍結状態であり、解凍を待たずに調理できる利点があります。保存面でも優れており、パーシャル室に入れておくことで、肉や魚の購入から約1週間後でも調理して食べることが可能です。

ナショナルは1986年、パーシャルを目玉機能の軸に据えてプロモーションを行いました。ところが同社の意気込みとは裏腹に、評判は芳しいものではありませんでした。

「買って1週間後に調理するなんてあり得ない」と酷評されたのです。

当時はまだ、食材をまとめ買いする機会が限られており、家庭における冷凍やパーシャル機能の利用頻度が少なかったためです。パナソニックも、数年前までは一時的にパーシャル機能の搭載をやめた経緯がありました。

しかし、現在はすっかり状況が変わっています。「週末に食材をまとめ買いする」家庭が増えた結果、肉や魚を新鮮に保存でき、冷凍とは違って解凍の手間が要らないパーシャル機能が、逆に喜ばれるようになったのです。

2007年から2008年にかけて、中国製の冷凍食品に毒物が混入していた事件が起きたことを契機に、冷凍食品を避ける人々が増えましたが、それもまた、パーシャル機能の人気に拍車をかけることにつながりました。

このように、「食に関する人々の行動の変化」が、冷蔵庫の機能の変遷に大きな影響を与えているのです。温暖化の影響やヒートアイランド現象の進行で真夏の酷暑が年々厳しさを増しているなか、熱中症対策として500mLのペットボトル飲料を凍らせて持ち運ぶ人が増えています。そのニーズに対応する形で、立てた状態でペットボトルを入れやすくする工夫が施された冷凍室も登場しています。

Trivia

ところで、「冷凍庫の意外な使い方」として、「お米や小麦粉の保存」があります。どちらも冷やして保存することはあまり考えない食材ですが、「鮮度を維持」する発想なら、冷やして保存したほうがより新鮮な状態を保てます。炭水化物は一般的に、「冷蔵」の

4度前後が最もおいしくない温度と言われますので、それよりも低い「冷凍」にすることで、味も鮮度も保てるというわけです。

　肉や魚、野菜のように水分をたくさん含んでいるわけではないので、使うときも「解凍」する必要がありません。「おいしいお米」「おいしいパン」にこだわるなら、冷凍保存を考えてみては？

＃03

掃除機

吸引力だけでは測れないその「実力」

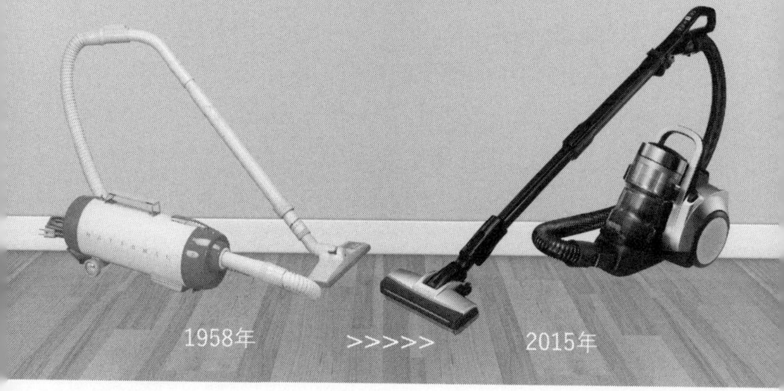

「掃除機」の歴史は意外に古く、アメリカやイギリスでは20世紀初頭から販売されていました。全世界的に本格的に普及し始めたのは第二次世界大戦後、1950年代頃のことです。家庭内でのカーペット使用率が高く、掃除が大変な欧米から普及が始まり、戦後の高度成長に伴う急激な電化の中で、日本でも「一家に一台」という存在になっていきました。

現在は、小型の自動車用掃除機や布団専用の掃除機が登場しており、活用シーンは広がりつづけています。

掃除機の進化は「ゴミの分離方法」にあり

100年近く使われつづけている電気掃除機ですが、その基本原理は変わっていません。モーターなどで強い空気の流れを起こし、空気と一緒にゴミやチリなどを吸い込んだ上で、それら塵埃《じんあい》だけを分離し、溜め込みます（図1-14）。変化したのは、吸引のしくみやその力、そして、ゴミ・チリを空気から分離する方法です。

一般に使われているのは、モーターの回転によって空気の流れを生み出し、内部に空気の圧力が低い部分を作って、そこに外から空気が流れ込んでくるしくみで、強い空気の流れを継続的に生み出すものです。空気の圧力が下がることから「真空掃除機」などとよばれることもありましたが、実際に真空になるわけではなく、圧力が低下するだけです。

どの掃除機も、空気の流れを作り出すしくみはほとんど同じで、「モーター」がキーデバイスです。家庭用の電力から、いかに強い「風」を効率的に生み出せるかがポイン

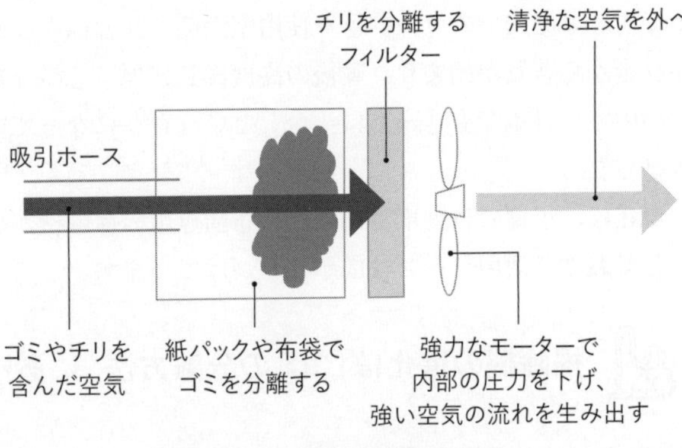

図1-14　一般的な掃除機のしくみ

トです。そのため、家庭内で使われるモーターの中でも強力なものが使われており、そのぶん発熱も大きくなっています。

Trivia

掃除機のモーターは、他の機器と違って「短時間だが超高速回転が得意」であることが求められます。電動工具ならトルク（ねじりの強さ）が重要ですし、エアコンなどでは、一定の強さで長く効率的に動くことが求められます。

しかし、掃除機のモーターにはまったく異なる特性が必要であり、一般的には専用設計で、掃除機以外には使われません。一般的なもので毎分3万〜4万回転しますが、毎分3万回転と言えば、一般的な扇風機に比べ20倍もの回転速度になります。高速回転するとモーターが発熱し、寿命が短くなりますが、ゴミを吸い込むために使った風をモーターに当てて冷やすことでカバーしています。

掃除機の進化は、モーターの進化に加え、ゴミやチリの分離法にも現れています。

初期の掃除機は、分離に「布袋」を使っていました。布袋を空気が通り抜けるときに、布の目を通れないゴミが袋の中に残って分離されるしくみです。この分離法のデメリットとしては、布目より小さなホコリやダニ、カビの胞子などがすり抜けてしまうことが挙げられます。フィルターを組み合わせる改良によって、空気と一緒に小さなホコリが出ていく量は軽減されましたが、完璧にはほど遠い状況でした。

また、ゴミを捨てる際に布袋をきれいにしなくてはならない点で、手間のかかるしくみでもありました。加えて、布袋は使うたびに傷んでいくため、掃除機内が不潔になりやすく、吸引力も下がってしまう欠点がありました。

改良型として登場したのが「紙パック式」です。布袋を紙パックに置き換えた掃除機は、「コロンブスの卵」といえる発想から生まれました。布袋式の問題は、布袋の手入れが面倒であることと、小さなホコリがすり抜けてしまうことにありました。紙パック式では、紙パックそのものが第一段階としてのフィルターの役目をはたすため、布に比べてホコリをしっかり内部に残せます。ゴミを捨てるときには紙パックごと処分できるため、掃除機内の掃除も不要です。

布袋式では、捨てる際にゴミの中身を必然的に見ることになりましたが、紙パック式ではゴミを見ずにすみ、紙パックを入れ替えるだけで新品のように使えるメリットがありました。よりシンプルで清潔な掃除機へと進化したのです。

ただし、紙パック式掃除機にも欠点があります。第一に、紙パックという消耗品が必須であること。紙パックはメーカーごと・製品ごとに規格が異なり、常備しておく必要があります。使い捨てのためエコとは言えず、出費もかさみます。

第二に、紙パック内がゴミで一杯になってくると、吸引力が落ちてくるという問題もありました。布袋式にも言えることですが、紙パックの内部にゴミが増えて空気の流量が減るにつれて、吸引力が徐々に下がります。

紙パックがパンパンになるほどゴミを詰め込まず、メーカーが想定するサイクルで交換していけば、吸引力低下は実用的な範囲にとどまりますが、理想どおりにいかないケースもあります。特に粉じんの多い場所では、ゴミの量以上に目詰まりしやすくなるという問題もあります。便利になった反面、「紙パックは交換が面倒」という声も聞かれるようになりました。

そこで登場したのが「サイクロン式」です（図1-15）。サイクロン式は、紙パックというフィルターへの依存度を減らした掃除機と言えます。サイクロン式では、吸

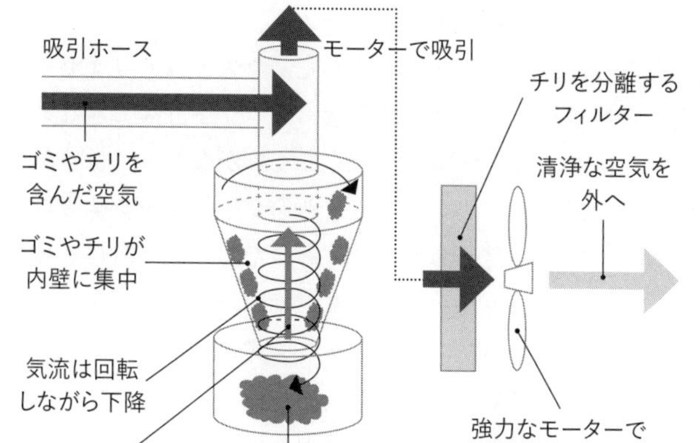

図1-15　サイクロン式の掃除機のしくみ

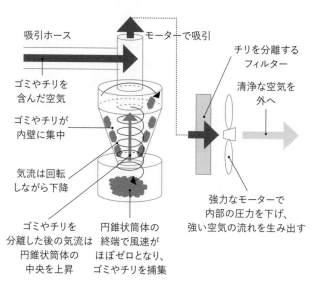

い込んだ風を“らせん状”に巻き込んで動かすことで、遠心力によってゴミ・ホコリと空気を分離するしくみを採用しています。紙パックにおけるフィルターの代役を、風の渦で行っているわけです。

吸い込まれたゴミは、「ダストボックス」や「ビン」などとよばれる、ゴミを溜める場所に入ります。たいていは透明なプラスチック製で、ゴミが溜まってきたら、布袋より簡易にゴミ袋に捨てることができます。紙パックというフィルターに依存しないので、吸引力はさほど変化せず、つねに強い状態を維持しやすくなっています。紙パックを使わない「エコ」な印象と、吸引力が低下しにくい点が評価され、近年の高級機種では、多くのメーカーがサイクロン式を採用しています。

もちろん、サイクロン式とて完全無欠ではありません。まず、サイクロンだけでは完全にホコリを分離できないという欠点が挙げられます。ごくごく細かなホコリは空気の渦だけでは分離しにくいため、別途フィルターを組み合わせて濾《こ》し取る必要があります。そのため、数ヵ月に一度はフィルターの手入れが必要です。特に、粉じんが多い場所で使う頻度が高いなら、サイクロン式より紙パック式のほうが向いています。

次に、使用するたびに掃除機内のゴミを捨てなければならない点で手間がかかります。ゴミ捨ての際に細かいホコリが舞い上がりやすいことも課題の1つです。さらに、サイクロン部の圧力損失が紙パック式と比べて大きいため、そもそもの吸引力が低くなる傾向にありますが、技術革新によって少しずつ軽減されてきています。

そのような理由から、紙パック式は現在も広く使われており、サイクロン式とすみ分け可能な製品となっています。どちらを買うかを迷った際には、「捨てる際にゴミを見たいか見たくないか」「掃除する場所は粉じんが多いかどうか」を基準にしてはいかがでしょうか。

掃除機の"命"の半分はノズルにあり

Trivia

掃除機のゴミを除去する能力は、一般に「吸引力の強さ」で表されます。しかし、「吸引力が強い／弱い」は、実は微妙な表現なのです。

吸引力は「吸込仕事率」という値で示されます。この値はJIS規格で定められている「吸込力」の目安であり、掃除機が吸い込む風の量と真空度（中に残っている気体の圧力がどのくらいかを示す値）、さらに定数（0.01666）をかけ合わせた値になります。日本の場合は、この値が大きければそれだけ吸引力が強いという話になるのですが、実際の使い勝手とは少々ズレた部分があるのです。

掃除機の使い方は国によってさまざまです。アメリカでは、カーペットの掃除のしやすさが重要視されます。ヨーロッパは平らな床の上で使うことが多く、ノズル（吸い込み口）が床に対して吸いつく力の強さが評価されます。日本では、フローリングの床からカーペットや畳にいたるまで、さまざまな場所を掃除する際の使い勝手が重視されます。

たとえば、私たちが「カーペットからたくさんのホコリを吸い込む」と感じる場合に、掃除機そのものの吸引力に依存する要素は意外と小さく、掃除機のノズルにあるブラシで、いかにホコリをかき出すか、のほうが重要です。現在の掃除機では、ノズルに電動のブラシが内蔵されている場合が多いのですが、その理由は、カーペットなどから効率的にホコリをかき出すためです。

カーペットに対する掃除能力の高さが求められるアメリカ市場では、吸引力以上に「ブラシがかき出す能力」の高さが重要になります。日本においても、さまざまな場所での掃除に対応できるよう、ノズルのブラシ部には、形状から回転の仕方まで、各メーカーそれぞれに工夫が凝らされています。「吸引力」ばかりに注目しがちですが、掃除機の命の半分は「ノズル」にあるのです。

床やカーペットのホコリは、ブラシ部を力強く回せばとれるというわけではありません。特にフローリングの場合、小さなホコリは静電気で床に貼りついていて、単純な力業《ちからわざ》ではとれないものが多いのです。プラスチックの下敷きについたゴミは、拭きとらないかぎりなかなかとれませんが、それと同様の現象です。そこで、ブラシ部の回転によってマイナスイオンを発生させ、一般的にプラスに帯電しているホコリの電荷を中和することで、静電気で床に貼りつくホコリを取り去るしくみも使われています。

ブラシ部に施されている工夫は、「ゴミのかき出し」だけではありません。床は意外と暗いので、チリやホコリが溜まっていても見過ごしやすいものです。ブラシ部の先端にLEDをつけて床を照らして見えやすくすることで、よりしっかりと掃除できるようにしたり、ブラシから伸びるホース内にセンサーをとりつけて空気内のホコリの量を計測することで、本当にきれいになっているかを可視化したりする、などの工夫も行われています。

Trivia

開発担当者によれば、パナソニックの掃除機が採用しているホース内センサーでは、赤外線を活用して約20 μmまでのホコリが検出できるといいます。ダニのフンや死骸の粉末、花粉など、一般的なハウスダストのほとんどを検出できるサイズで、ホースを通る空気中にこうした物質がほとんど含まれない状況になれば、その場所はきちんと掃除できたと認識されるのです。

掃除機だけが要求される条件とは?

掃除機には一点、他の家電とは大きく異なる特徴があります。「家の中で移動しながら使うことが多い」ということです。他の家電は、屋内の特定の場所で使うことが多いものですが、掃除機だけは家中を移動しながら使われる機器です。あたりまえのこととしてふだん特別には意識することのない事実ですが、実はこのことで、掃除機には他の家電にはないニーズが存在します。

特に、日本の掃除機に強く求められているのが「軽さ」です。掃除機をもって移動するのは案外重労働ですし、マンションや平屋建ての家庭ならともかく、2階建て・3階建ての家も珍しくありません。掃除機は、「軽くもてる／動かせる」ことが必須条件なのです。

Trivia

実はここにも国による文化の違いがあり、日本での主力機種と、海外の主力機種とでは、形状も異なっています。日本の掃除機は主として、ノズルに長いホースがついていて、本体を引きずって動かす「キャニスター型」ですが、海外では、ノズルに直接本体を取りつけ、棒状にした「スティック型」が多く使われています（図1－16）。

キャニスター型は、本体を引きずる構造であるため必然的に大ぶりですが、車輪などでなめらかに動く工夫が施されていることで、掃除中に「重い」と感じることはほとんどありません。ノズルに設けたブラシ部が電動で動き、より小さな力で使用できるよう工夫していることもあり、

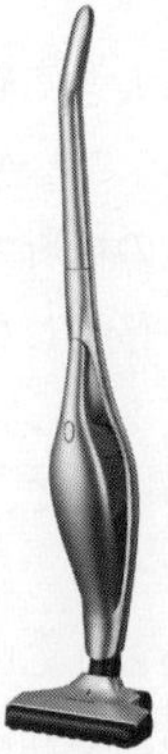

図1-16
スティック型掃除機

「軽く使える」メリットもあります。

一方のスティック型は、壁などに立てかけて省スペースで保管できること、構造がシンプルであることなどがメリットです。ただし、吸引力が強く、長時間使用可能なものを作ろうとすると、どうしても大きく、重くなりがちです。日本の場合は特に、小型掃除機で多く採用されています。

軽い掃除機が求められる日本では、同時に「コードレス」のニーズが高いのも他国とは異なる特徴です。掃除機を「コードレスにする＝バッテリーで動作させる」のは、実はなかなかの難題です。車の中や卓上を掃除するといった用途なら問題ありませんが、通常の家庭の掃除のように、十分な吸引力が必要とされる場合には、バッテリーの出力ではまかないきれないケースも多々あったからです。

冒頭で述べたように、掃除機のモーターは、他の電気機器よりはるかに多い、毎分３万～４万回転程度が求められるため、高出力のバッテリーが必要になります。一般的なAC電源で動く掃除機の場合、最大で1000W程度の電力が必要です。バッテリーの場合、AC電源の半分（500W）程度であっても、50Vを超える電圧、10Aを超える電流を供給する能力が求められますが、これは、デジタル機器とも電気自動車とも異なる特性です。

そのため、本格的なバッテリー駆動・コードレスの掃除機では、特別なバッテリーを用いています。パナソニックでは、コードレス掃除機の開発と同時に、「掃除機専用のバッテリー」を自社開発しています。

ロボット型掃除機の“役割”とは?

「コードレスでの掃除」に関して、まったく違うアプローチで取り組んだのが、現在増えつつある「ロボット型掃除機」です（図1－17)。ロボット型掃除機は、一般的な掃除機ほど吸引力は強くありません。車輪のついたロボットが部屋中を動き回り、床の「多くの部分」からホコリを取り去りますが、「多くの部分」というのがポイントで、壁際のホコリや大きなゴミなど、その部屋にある“すべてのゴミ”が取り去れるわけではありません。

しかし、これを“欠点”と断じるのは少し違います。ライ

図1-17　ロボット型掃除機

フスタイルの変化が家電の進化を促してきたことは他の製品でも指摘しているとおりですが、掃除機もまたしかり、なのです。

部屋の隅々まで毎日、掃除機をかけるのは案外大変なものです。特に単身世帯や共働き世帯では、掃除ができる時間が早朝か夜に限られ、掃除機特有の強力なモーター音を響かせるには気が引けることもしばしばです。このような家庭では、「毎日勝手に、大まかな掃除をしてくれる」ロボット型掃除機は十分に重宝なのです。

週末など時間に余裕のあるときに、ロボット型掃除機が掃除し残した部分を、掃除機を使ってきちんときれいにすれば完璧です。多少の取り残しがあるといっても、日常こまめに掃除をしていることに違いはないので、「週に一度しか掃除機をかけない」場合に比べれば、ずっと効率的に掃除ができます。

Trivia

そのような考え方に基づき、一般的な掃除機に比べて吸引力を抑えたロボット型掃除機は、「最後は人がカバーする」ことを前提にした掃除機なのです。

ロボット型掃除機の差別化は、①床をいかに確実に掃除していくか、②部屋の隅の掃除精度をいかに上げるのか、で争われています。これはすなわち、あらためて人が行う「本気の掃除」の手間をどこまで小さくできるか、ということに他なりません。そのために、各社はロボットの動作の賢さや、室内の障害物の状況把握能力を競い、障害物があってもスムーズに動きつづける能力を競っているのです。

「人と機械が協調して部屋をきれいにする」という考え方は、今後さらに広がっていくでしょう。いつの日か、「人が掃除するように、機械が完全な掃除をしてくれる」日が来る可能性もありますが、当面は、人と機械がセットで「どこまでラクに掃除ができるか」を考える方向で技術革新が進められていくことでしょう。

04

電子レンジ

通信機器との意外な関係

1966年　>>>>>　2015年

家庭にはさまざまな調理用家電がありますが、単身者から家族まで、多くの世帯で「必須」といえるのが「電子レンジ」です。コンビニエンスストアで毎日お世話になる……という人も多いでしょうし、外食産業の調理現場でも必要不可欠な存在です。

その電子レンジの歴史は、「家電の普及」と見事にシンクロしたものになっています。

「軍用レーダー」の開発過程で

電子レンジの発明はもともと、偶然の産物でした。

第二次世界大戦のまっただ中であった1940年代前半、航空機の接近を捉えるレーダー技術が急速に発展しまし

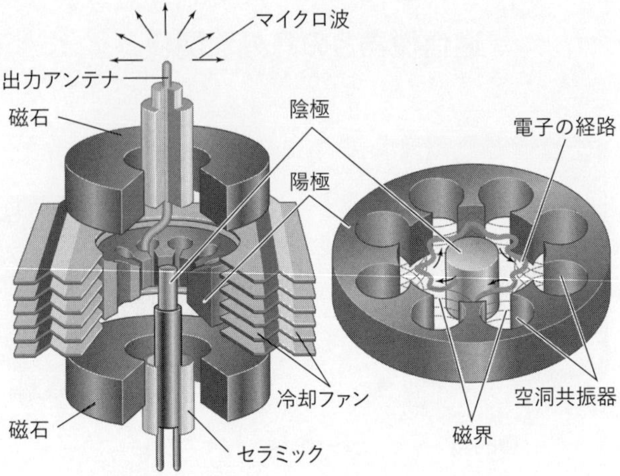

図1-18　マグネトロンの構造（©Getty Images）

た。レーダーは強力な電波を発し、その反射波を測定することで、物体までの距離や物体の位置を測定する技術です。その開発過程では、強力な電波を発振する機器も進化しました。

その中核となるのが「マグネトロン」です（図1－18、図1－19）。マグネトロンは、加熱によって発生する電子を磁石の力で方向を変え、さらに空洞内で共振させることでより強い「マイクロ波」を作り出す機器です。

マイクロ波とは、波長が短く、300MHz～3THzの周波数帯の電磁波を指します。電子レンジの場合には、特に2.4GHz帯（2.4GHz前後の周波数帯域）のものを指しますが、なぜこの周波数帯が重要なのかについては後述します。

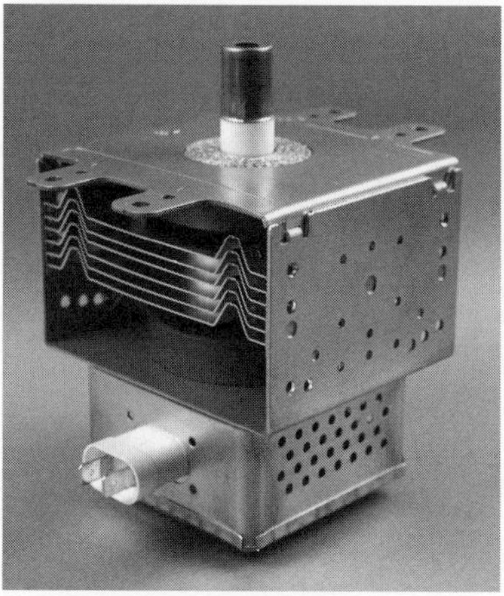

図1-19
実際の製品に組み込まれているマグネトロン

Trivia

軍事目的でマグネトロンを量産していたレイセオン社の米国人技術者であったパーシー・スペンサーは1945年、マグネトロンの発振実験中に、ポケットに入れていたチョコレートが溶けていることに気づきました。スペンサーは、これが「マイクロ波が食品に与える影響」であると考え、マグネトロンの前にトウモロコシを置き、ポップコーンの調理を試みました。結果は大成功。マイクロ波を適切な強さで食品に照射することで、「加熱調理」が可能であることを発見したのです。

発見から2年後の1947年、スペンサーはレイセオン社の新商品として、世界初の「電子レンジ」を発売します(図1－20)。これを皮切りに、加熱調理専用器具としての電子レンジが世界中に広まり、現在の隆盛につながってい

図1-20　世界初の電子レンジ（©Getty Images）

ます。

電波で調理できるのはなぜ?

ではなぜ、マイクロ波で食品の加熱調理ができるのでしょうか？　高周波やマイクロ波は、高速で電界の方向が反転します。電界の反転が高速に起こると、マイクロ波を照射された物質の側は、発生する電界の極性に合わせようと、内部で激しく運動します。この運動による摩擦が「熱」になるわけです（図1－21）。

この原理を「誘電加熱」とよびます。電子レンジの場合には、食品に必ず含まれる「水」の分子をマイクロ波で揺さぶって加熱しています。

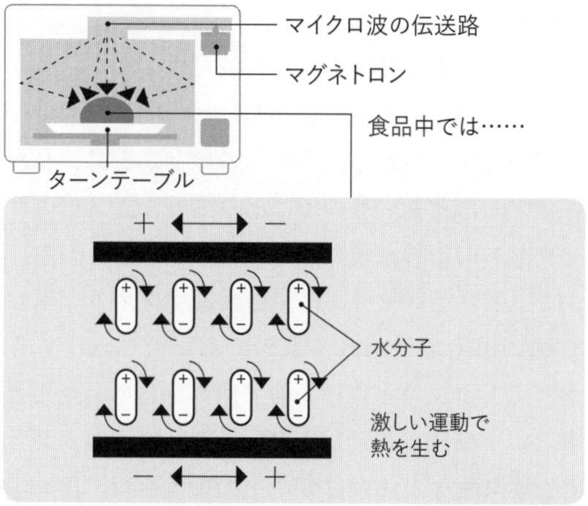

図1-21　誘電加熱の原理を利用して電子レンジが食品を温めるしくみ

世の中には、マイクロ波を発する機器はたくさんあります。私たちが日常的に使う携帯電話やテレビ放送もそこに含まれます。ということは、私たちはつねに熱せられているのでしょうか？

答えは「イエス」。……ちょっと不安になりますね。でも、それが私たちの身体に大きな影響を与えているかといえば、決してそうではありません。実はこの事実に、調理器具としての電子レンジの“特徴”がひそんでいるのです。

「マイクロ波が物体に影響を与える」といっても、マイクロ波の出力が小さければ、実際にはほとんど無視できる値にしかなりません。マイクロ波は出力された場所からの距離の二乗に比例して弱くなるため、相当に強力な出力でないかぎり、ほとんどの物体を「温める」ほどの力をもちにくいのです。

携帯電話などから発せられる電波だけでなく、太陽から発せられるものを中心に、私たちは日常的に、大量の電波を浴びています。しかし、それらのほとんどは、私たちの体に影響するほど強いものではありません。スペンサーの実験で食品への影響が現れた理由は、2つあります。

1つは、軍事用レーダーに使われるマグネトロンが、きわめて強い出力で使われるものであったこと、もう1つは、マグネトロンのすぐ目の前で作業をしていたことでした。逆にいえば、軍事用レーダーはそれほど強力だということでもあります。実際に安全上の理由から、出力中のレーダーの近くには、人は立ち入ってはならない規則となっています。

こうした点から考えると、「きわめて強い出力のマイクロ波を」「安全に」使えるようにしたのが電子レンジであるということになります。

Trivia

ちなみに、「電子レンジで調理する」ことをその動作音から「チンする」などと言いますが、アメリカでは「マイクロ波で調理する」ことから、「マイクロウェーブを使う」と表現します。英語では、電子レンジは「Microwave Oven」あるいは単に「Microwave」とよばれています。

どうして 2.45GHz なのか

電子レンジでは、調理に「2.45GHz 帯」のマイクロ波を使っています。俗に、その周波数帯がマグネトロンで出力しやすく、電子レンジ内に閉じ込めやすかったからと言われます。「水の加熱に適した帯域だから」と言われることもありますが、実は大きな関連性はありません。ちなみに、アメリカでは915MHzも使われていますが、世界的には、おおむね2.45GHz帯が利用されています。

電子レンジでは、2.45GHz帯の電波をきわめて高い出力で発振します。日本の家庭用では500W程度、コンビニなどの業務用では1500〜3000Wという出力になります。家庭用の無線LANで最大10mW（家庭用電子レンジの5万分の1）、携帯電話で最大200mW（同じく2500分の1）、その基地局ですら最大で30W（同じく17分の1）ですから、いかに巨大な値かがわかります。これをマグネトロンから放出し、電子レンジ内で反射して内部の食品に当てるのです。

これほど強力な電波を使用していますので、電子レンジの内部はしっかりと金属のシールドで覆《おお》われており、食品を入れるドア部分も、ガラスの内側に金属のメッシュを入れることで、外に漏れ出る電波が少なくなるようにしています（図1－22）。「封じ込め」を施すことで、高出力の電波を使っても問題が生じないようにしているわけです。きちんとドアが閉じている状態であれば、動作中の電子レンジの前にいても、人間にはまったく影響がありません。

Trivia

“板”状のものではなく、「網」のように穴があいているものでも電波が遮蔽できる理由は、電子レンジが発する2.45GHzの電波の波長が約12cmであり、これ

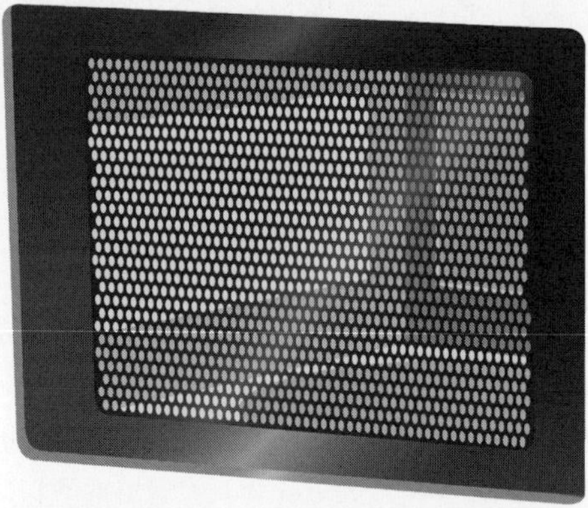
図1-22　電波が外に漏れることを防ぐドア部の金属メッシュ（©Getty Images）

> より十分に小さな穴からはほとんど出ていかないという特質によります。小さな穴で構成された「網（メッシュ）」ならば、電子レンジからの電波の遮蔽という役割においては、金属板と同じような効果を期待できるわけです。

その上で各メーカーは、ドア部での電波の封じ込めと安全対策に力を入れています。ドアの密着度いかんで漏れ出る電波の量は変わりますし、そもそも、ドアが開いた状態では電子レンジが動作しないよう安全機構が組み込まれています。万が一ドアのスイッチが壊れて、ドアが開いたまま動いてしまうような状況になった場合には、レンジ内部のヒューズが飛び、危険な状態で加熱することがないよう配慮されています。

同様の安全回路として、一部の製品は、食材が中に入っていない状態での「空炊き」を防止する機能も備えています。空炊きはマグネトロンに過大な負荷を与え、故障と事故の原因となります。

Trivia

ここまで厳重な対策をしても、外部にまったく電波が漏れない……ということはありません。電子レンジに使用する周波数帯が「2.45GHz」に定められたのも、実はそこに理由があるのです。

2.4GHz帯は世界的に「ISMバンド」とよばれ、テレビやレーダー、長距離通信などの重要な目的での利用がなく、低出力の電波であれば、免許を取得することなく、誰もが自由に使える帯域とされています。パソコンやスマートフォンの無線LANや、デジタル機器間の近距離無線通信用の規格であるBluetooth、おもちゃのラジコンなどに2.4GHz帯が使われているのは、この理由によります。

電子レンジが2.45GHzを利用すると定められたのも、「ここであれば、電子レンジから多少電波が漏れても、重要な通信には悪影響を及ぼすことはない」からなのです。

ただし、現在はいくらか事情が変化しています。かつては2.4GHz帯で重要な通信が行われることは少なかったのですが、無線LANが普及したことで、2.4GHz帯もまた、「日常的にたくさんの機器が使う周波数帯」になってしまったのです。

自宅でパソコンを使用しているときに、「電子レンジを使うと通信がとぎれる」という経験をしたことがないでしょうか？

それは、電子レンジから漏れる電波と無線LANの電波が干渉し、通信障害が起きているためです。最近の無線LANでは、このような障害を回避する技術が盛り込まれつつありますが、「電子レンジの使用中は、無線LANの通信が不安定になる可能性がある」ことを覚えておいて損はないでしょう。加熱はたいてい短時間で終了しますので、その時間だけ我慢するか、2.4GHz帯ではなく「5GHz帯」で通信を行う無線LAN機器に切り換えるのが得策です。

年100台しか売れない“不人気”商品だった

電子レンジの特徴は「水の分子を動かして温める」ことですので、他の調理方法との相違点もこのことに集約されます。

他の調理方法は、食料以外の何かを温め、そこから伝わる熱で調理します。コンロならフライパンや鍋を熱して、その熱で煮炊きしますし、蒸し料理の場合には、熱せられた水蒸気で食材に熱を伝えます。つまり、熱伝導を利用しているのです。

これに対して、電子レンジは食材そのものが熱をもつことになります。そのぶん、効率的に温めることが可能ですが、たとえばステーキや焼き魚の見栄えに影響する「焦げ目」などをつけることはできません。

つまり、「温め専門」であることが、調理法としての電子レンジの利点であると同時に、欠点でもあるのです。冷凍食品や作り置きしておいた料理を温めて食べたい場合には、偏りなく温めてくれて、焦げつく心配のない電子レンジによる調理が向いています。また、食材の下ごしらえなどを目的に加熱調理する場合にも好適でしょう。コンビニや外食産業などで広く使われているのは、こうした特徴を活かしてのことです。

Trivia

実は、かつての日本社会では、電子レンジの普及がなかなか進まなかった経緯があります。その理由がまさに、「温め専門」だったことでした。「煮炊きに向かない」「蒸し器で十分」といった批判があり、1963年にパナソニックが本格的に販売を開始した当初は、年間100台程度しか売れなかったといいます。広く普及しはじめたのは1980年代になってからで、この頃から各家庭に大きな冷蔵庫があるのがあたりまえになり、スーパーなどの物流が整備されて冷凍食品の利用が増えてきたことが契機となりました。

どうして「使えない食器」があるのか

「電波を当てて加熱する」電子レンジでは、使用できない食器や容器が存在します。まず、金属製の食器やアルミホイルは、基本的には使えません。電波が当たったときに火花を発するおそれがあり、事故につながる可能性があるからです。意外に見落としがちなのが、装飾に金属を使っている陶器です。陶器それ自体は使用可能ですが、装飾の金属部分で火花が発生することがあります。

ちなみに、アルミホイルは、電子レンジでの調理に利用する場合もあります。アルミホイルで食材を覆うことで、その部分に直接電波が当たるのを防ぎ、加熱の状況をコントロールすることができるからです。ただし、アルミホイルにシワが寄ったり、レンジの内壁にアルミホイルが接触したりすることのないよう、慎重に利用しましょう。

放電は、アルミホイルなどの金属が他の電気伝導体と接触する、もしくはごく近くにあり、角になるところから放電しやすい状況になることで発生するため、そのような状況をつくらなければ問題ありません。とはいえ、「確実に安全」な使用法でないことに変わりはないので、基本的には「金属に類するものは電子レンジでは使わない」と考えておきましょう。

なお、食材の温まり具合は、その食材がどれだけ水分を含んでいて、どれだけ熱を吸収しやすいかで決まります。水分をあまり含まないゴボウやイモ、カボチャなどの場合、水に入れずにそのまま調理してしまうと、過熱により焦げてしまい、発火することもあります。大きめの容器に少量の水と一緒に入れて「蒸し焼き」にするか、調理時間を短めにするよう心がけましょう。

最近は、電子レンジの特徴を活かした「電子レンジ専用食器」「電子レンジ専用調理器具」も普及しています。樹脂製の「スチーマー」は、中に水と食材を入れて、電子レンジで蒸し焼きにする機器です。ケースが樹脂製であれば、電波が通り抜けて内部の食材や水を温めます。適度に密閉できる容器を使えば、調理器具内の温まった湯気で

「蒸し焼き」にできるわけです。

Trivia

また、電子レンジで「焼き目」や「焦げ目」のつく料理ができる専用皿や専用フライパンも登場しました。食材だけでなく、調理器具そのものを電波が加熱することで、器具の熱で食材に焦げ目をつけるしくみになっています。コンロがない、火を使いたくないといった場合でも、簡単に調理ができて便利です。

「回る」レンジと「回らない」レンジの違いは?

電子レンジには、庫内に「ターンテーブル」があって、食材が回転しながら加熱されるタイプと、ターンテーブルのない「平台」で、食材は回らずに加熱されるタイプの2種類が存在します。現在は、大型で内容量が23L以上のものが平台で、それより小さなものではターンテーブルが使われることが多くなっています。かつては大型のものでもターンテーブルが使われていたため、電子レンジといえば「庫内で食材がグルグル回る調理器具」というイメージが定着しています。

ターンテーブルが使われるのは、食材を回転させることで電波を均等に当てるためです(図1-23)。多くの場合、電波の発振部は加熱庫の側壁にあり、食材を回転させないとつねに同じ場所に電波が当たってしまうため、温まり方に偏りが出やすいのです。

電子レンジの象徴のようなターンテーブルですが、実はいくつもの欠点がありました。

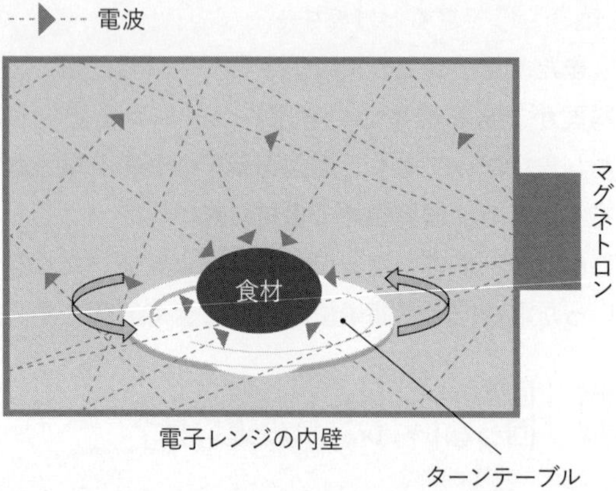

図1-23　ターンテーブルはマグネトロンからの電波を均一に食材に当てるための工夫　電子レンジの内壁からの反射波も利用する。

第一に、機構が複雑になり掃除がしにくくなること。食材などによる庫内の汚れは、不衛生であるだけでなく、異常過熱の原因にもなります。つねにきれいにしておくことが重要ですが、ターンテーブルを外して、ターンテーブルと内部の両方を拭き掃除するのは、手間のかかることです。

次に、大きな食材を調理しにくいことが挙げられます。庫内には入るのに、回転させようとすると引っかかってしまうという経験をしたことはないでしょうか。ターンテーブル型の場合、温められる食材の大きさは、庫内のサイズでなく「ターンテーブルの直径」で決まり、庫内にデッドスペースができてしまいます。お弁当などの四角い容器に入った食材を温める場合には、この差が意外と大きな意味をもってきます。

最近の大型電子レンジでは、庫内で電波を効率的に反射させることで、ターンテーブルがなくてもムラのない加熱ができるようになりました。電波発振部そのものを動かすことで、ムラを防止するタイプもあります。

ターンテーブルのない「フラット型」は、手入れがきわめて簡単な上に、庫内のサイズをフル活用して温めることができます。サイズの大きいお弁当を温めることも多いコンビニエンスストアの電子レンジは、回転しないフラット型が主流になっています。

多彩な加熱コントロールで調理用に用途拡大

温め専門の調理器具である電子レンジにとって、ガスコンロにおける「火加減」にあたるものは何でしょうか？

答えは「調理時間」と「照射するマイクロ波の量」です。

実は電子レンジは、使っているマグネトロンの種類によって、「トランス＋コンデンサー型」と「インバーター型」に分けられます。マグネトロンに対して電力を供給する方法の違いで、どのようにマイクロ波が出るかが変わるのです。1988年頃までの製品や、現在でも低価格帯の商品がトランス＋コンデンサー型ですが、今の主流はインバーター型になっています。両者の違いは、「火力調整」の自由度にあります。

トランス＋コンデンサー型では、マグネトロンから放出するマイクロ波の量を自由にコントロールすることができませんでした。強く放出するか、間欠的に止めて時間あたりのマイクロ波量を減らすことで結果的に照射量を減らすか、の二者択一だったのです。

このため、トランス＋コンデンサー型の電子レンジは「強」「弱」程度しか調整ができず、他にタイマーで動作時間をコントロールするくらいしか「火加減」調整の手段がありませんでした。冷めた料理を温めるには問題ありませんが、調理に活かすには大ざっぱすぎます。食材の量に応じて消費電力を最適化するのにも向きません。

そこで登場したのが、インバーター型です。インバーター型では、マグネトロンに供給される電圧をコントロールすることで、より微細な「火力調整」が可能になりました。日本で現在、販売されている電子レンジの約７割がインバーター型です。

「火力調整」の自由度が上がった結果、料理の種類や食材の量に合わせた調理が可能になりました。単純な「温めコース」だけでなく、料理の種類を選んで使う「調理コース」が設けられたのはインバーター型が登場して以降です。

現在の機種では、電子レンジ内部に組み込まれた赤外線などの各種センサーと連動し、調理が行われます。たとえば飲み物を温めるときには、それが何杯分の量なのかを判断し、適切に温めます。

Trivia

ちなみに「温め」用電子レンジとしてコンビニエンスストアなどで使われる業務用電子レンジは、より短時間で確実に温めて、しかも消費電力が小さくなるよ

う、温め方から電波の出力方法まで、細かな工夫を積み重ねて作られています。最近では、メーカーとコンビニエンスストアとが共同で「弁当の容器」まで設計することがあるといいます。電子レンジ内部におけるマイクロ波の分布には若干の偏りがあるため、それに合わせて容器を開発したほうが、温め効率が高まるからです。

「温め」しかできなかった電子レンジの欠点を解消し、さらにはキッチンのスペースを節約するために、加熱用のオーブンを組み込んだ「オーブンレンジ」も増えてきています。オーブンレンジは、オーブンと電子レンジの加熱を使い分けて調理します。健康意識の高まりから、近年の高級機では、蒸し調理ができる「スチームオーブン」機能を組み込んだタイプに人気が集まっています。内部のボイラーで高温の水蒸気を発生させ、それを調理に用いる機能です。

高機能化が進む一方の電子レンジですが、個々の食材に最適な「火加減」の調節や、機能の使い分けは案外難しいものです。この点でも、「調理コース」の存在が威力を発揮します。最新のオーブンレンジでは、数十パターンにおよぶ加熱方法が用意されており、それを400とおりものメニューに合わせて使い分ける機能が備わっています。

Trivia

これだけ多彩な機能を使いこなすには、機器の性能だけでなく、「どんな料理がどんな操作でできるのか」を理解することも重要です。現在のオーブンレンジには、各種料理のレシピを紹介し、それぞれどのよ

うな操作を行うのかを含めて解説した「調理ブック」が付属するのが通例となっています。

機器の取り扱い説明書を作るチームは、調理ブックを作成するチームと連携し、つねに「より便利に電子レンジを使うにはどうすればいいか」を考えながら、マニュアル作成に取り組んでいます。

05

炊飯器

高額商品ほど売れている“デフレ逆行”家電

1956年　>>>>>　2015年

75 %が製品寿命がくる前に買い換え!?

自動式電気炊飯器は1950年代に登場した、歴史の長い調理器具です。「火力をコントロールして米を炊く」という手法が変化していないため、「大した技術は必要ない」というイメージをもっている人が多いかもしれません。

しかし、お米を主食とする私たち日本人は、とにかく「ご飯のおいしさ」にこだわります。このこだわりの強さが、現在もなお、炊飯器を進化させているのです。

日本人の「ご飯のおいしさへのこだわり」を象徴する面白いデータがあります。

国内では現在、年間約600万台の炊飯器が出荷さ

Trivia

れていますが、このうち「故障」を理由とする買い換えが、約27％しか存在しないのです（パナソニック調べ）。実に4台に3台は、製品寿命がくる前に新商品へと買い換えられているのです。

炊飯器は、構造的には比較的シンプルな家電であり、故障の比率がかなり低く、製品寿命の長い製品です。ほとんどの家電、特に“白物家電”は故障するまで買い換えないケースが多いのですが、炊飯器だけがなぜ、「まだ使えるのに買い換える」人が多くいるのでしょうか？

調査によれば、その理由は「おいしいご飯が食べたいから」。特に近年は、6万円を超えるような超高級炊飯器の売り上げが伸びており、対照的に1万円以下の低価格製品の売れ行きは鈍っています。少々高価であっても、毎日食べるご飯だけに、しっかり満足したいという消費者の「こだわり」が反映された結果です。

Trivia

それでは、炊飯器を手がけるメーカーはどんなご飯を「おいしいご飯」と定義しているのでしょうか？実は、各メーカーの言葉はほぼ共通しており、「腕のよい料理人がつきっきりになって、土鍋で炊いたご飯」が理想とされます（図1－24）。

簡単に思えるかもしれませんが、現実的には不可能な作業です。おいしいお米や水、土鍋を手に入れることは可能でも、「つきっきりで炊飯作業をする」のが難しいからです。いくらおいしいご飯が食べたくても、毎日の家事労働を何倍にも増やすことはできません。本当においしいご飯を自動で、しかもつねに確実に炊くことを目指す技術開発

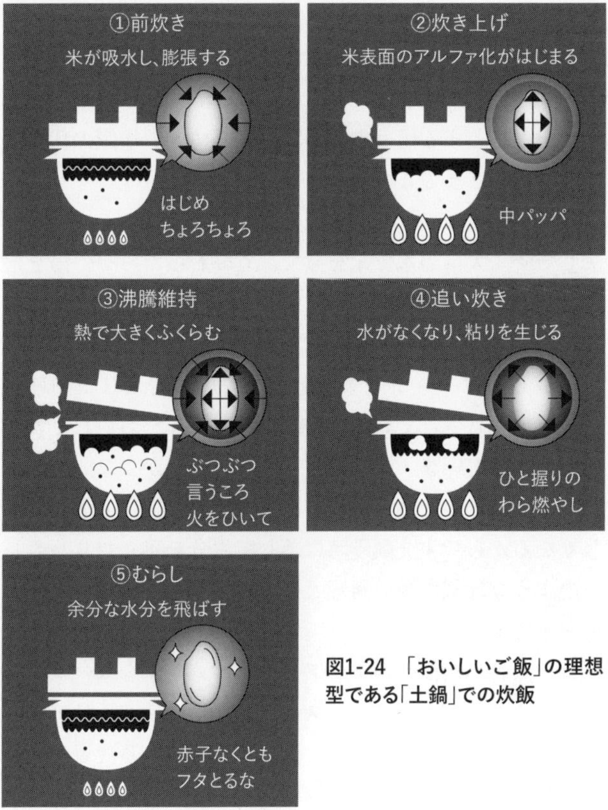

図1-24　「おいしいご飯」の理想型である「土鍋」での炊飯

こそ、炊飯器の歴史そのものなのです。

「ジャポニカ米」をおいしく炊くことに特化

1950年代に自動式電気炊飯器が登場するまで、「ご飯を炊く」ことは意外なほど大変な家事労働でした。図1－24に示したとおり、日本の炊飯が比較的手のかかる調理だからです。

米を主食とする国は世界中にありますが、炊飯の仕方は国によってさまざまです。

最もシンプルで、多くの国で行われているのが「湯取り法」です。大量の水で米を煮て、煮終わったらその湯を捨てる調理法です。米がやわらかくなれば完成ですから、要は「沸騰したお湯の中に米を放置する」だけです。

湯取り法はインドや東南アジアで広く普及した調理法で、現地で食されている「インディカ米」をおいしく食べるのに適しています。インディカ米は水分が少ない上に、やや匂いが強いため、湯取り法で調理することでよりおいしくなるからです。調理時に蒸して水分を足したり、カレーのような汁気の多い料理とともに食べたりすることが多いお米です。

ヨーロッパ南部や西アジアでは、炒めた米をスープで煮る「炒め煮」が主流です。スペイン料理の「パエリア」やイタリア料理の「リゾット」が、炒め煮による代表的な料理です。

日本の炊飯は、湯取り法や炒め煮とは異なり、「炊き干し法」とよばれています。炊き干し法では、水の中で米を煮た上で、最終的に水が少なくなる過程でその水が蒸気になり、米を「蒸す」ような形になります。そのプロセスで、蒸気の水分の多くは、米の栄養やうま味とともにご飯の中に吸収されます。

炊き干し法は、日本で食されている「ジャポニカ米」をおいしく食べるための手法です。日本は特に、「主食である米を多く食べ、副菜は少ない」食事文化が長くつづいた結果、「ご飯だけでもおいしく食べられる」ことに対するこだわりが強くあります。自国で多く食べられる米の種類に最適なこの調理法が定着したのも、それゆえでしょう。

炊き干し法では「煮る」「蒸す」を連続して行うため、火加減の調整が難しく、きちんとおいしく、焦げつきなども起こさずに炊き上げるには、釜の前につきっきりになる必要があります（図1－24参照）。沸騰時にお湯がふきこぼれることも多く、それが焦げつきなどの原因にもなります。特に、一般的な鍋のように密閉度の低い調理器具では、火力の調整が難しく、失敗しやすいという欠点がありました。

炊飯器の登場で、炊飯にかかっていた手間は劇的に軽減されることになりました。タイマーを使って火力をコントロールする炊飯器なら、調理中に人がついていなくても、適切にご飯を炊き上げることが可能です。米と水の量さえ適切ならば、大きな失敗はまず起こりません。炊飯器の登場は、毎日の重労働を手のかからない、最も簡単な調理の1つへと変えてくれました。

1960年代には、炊いた後のご飯を温かいままに保つ保温機能を搭載した「炊飯ジャー」が登場し、主流となっていきます。現在は、ほぼすべての電気炊飯器が保温機能搭載となり、炊飯ジャーという言葉は死語になりました。同時に、炊いた後のご飯を入れておくための「おひつ」も、家庭では見かけることがなくなりました。

自動的に炊飯してくれ、いつでも温かいご飯が食べられる炊飯器は、日本だけでなく海外でも広く受け容れられるようになっています。韓国や中国北部のように、ジャポニカ米に似たタイプの米を日本と似た調理方法で食べる地域はもちろんのこと、湯取り法でインディカ米を調理する文化であった東南アジアにも日本の炊飯器が普及しており、インディカ米を炊飯器による炊き干し法で調理する人々が増えてきているのです。

そのような背景から、各地に輸出される炊飯器は、個々の国の食事情にあった調整が施されて出荷されるようになっています。たとえば、お粥料理がポピュラーな香港向けには、より水量を増やした「おかゆコース」が充実した製品が用意されています。

マイコン制御が実現した「自動炊飯」

1950年代に誕生し、1960年代には保温機能が搭載された自動式電気炊飯器に、つづいて到来した技術革新がマイクロコンピュータによる制御、すなわち「マイコン制御」です。マイコン制御によって、火力をより細かく調節できるようになりました。

前述のように、日本の炊飯（炊き干し法）では火加減が重要です。誕生初期の電気炊飯器は、シンプルなタイマーによって「炊き始める」「一定時間炊いたら、止めて蒸らす」程度の調整しかできませんでした。炊飯中につきっきりでいる必要がなくなっただけでも大きな価値をもたらした炊飯器ですが、「おいしいご飯」にするには、もっと精密な火加減が必要でした。

これに挑戦したのがマイコン制御です。炊飯時間に応じて火加減を微細に制御することで、熟練した料理人がご飯を炊くさまを再現しようという試みです。

Trivia

国内初のマイコン制御型炊飯器は、1979年に発売されました。1970年代に入って、指先サイズのLSIにコンピュータの機能を集積したマイクロプロセッサが登場し、その応用例としてパソコンやゲーム機が続々と誕生しますが、家電における最初期の一例であり、かつ最も成功を収めた製品の1つが炊飯器でした。

マイコンによる細かな制御の対象となったのは、主として「炊きムラ」をなくすことです。最もシンプルな炊飯器は、図1-25のような構造をしています。電熱線を使ったヒーターを内部に配置し、それで内釜を温めて内部の米と水を加熱するしくみで、アルミの釜をコンロにかけて調理する状態を再現しています。

初期の炊飯器では、ヒーターは本体の下部のみに設置されていました。つまり、内釜は下から加熱されることになります。お湯を沸かすだけであれば、対流によって全体が攪拌《かくはん》されますが、米は水よりずっと重いのが難点です。量が少ないときは問題ないのですが、大量の米を一気に炊き上げる場合はきれいに攪拌されず、熱が伝わりやすい下部

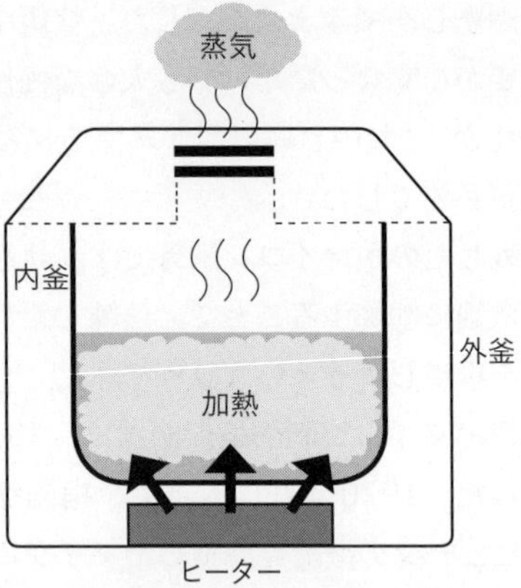

図1-25　炊飯器の基本的なしくみ　ヒーターが下部のみにつけられたシンプルなタイプでは、どうしても「炊きムラ」が生じやすい欠点がある。

とそうでない上部・中央部とで炊きムラが生じてしまうのです。

その結果、粒によって煮え具合が違ったり下部だけが焦げてしまったりという失敗につながっていましたが、マイコン制御を採り入れることで、細かく加熱状況を調節することが可能になりました。

ただし、マイコン制御を備えた炊飯器にも限界がありました。ポイントは、ヒーターでは結局、かまどやガスコンロに比べて火力が足りない点にあります。

大量の米を一気に炊くには、十分な火力が必要です。一般的なガスコンロは、強火の場合で4kW近くの熱量を発することができます。しかし一般的なヒーターでは、1kW程度しか発することができません。しかも、最大加熱にいたるまでに時間がかかります。逆に、蒸らす際などに加熱を止めたくても、発熱源であるヒーターが高熱を発しているため、冷えるまでしばらく時間を要します。

「火力が小さく、ゆっくり温まってゆっくり冷える」のが電熱ヒーターの特徴であり、これは、「直火で土鍋炊き」を理想とする炊飯器にとっては、かなりかけ離れた条件なのです。この課題を解消するために登場した熱源が「IH」です。

電磁誘導でご飯を炊く「IH炊飯器」

IH は「Induction Heating」の略で、「誘導加熱」を意味しています。誘導加熱とは、電磁誘導のしくみを使って加熱するもので、金属などの導体に電磁誘導によって電気

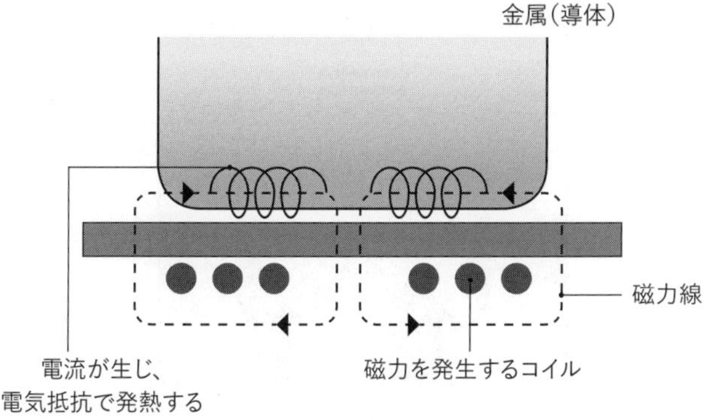

図1-26　誘導加熱のしくみ　導体である金属に磁力をかけることで電流が発生し、その際の電気抵抗で金属そのものが熱を生じる。

を流し、その際の電気抵抗によって熱を発生させます（図1－26）。電子レンジの項で説明した「誘電加熱」（62ページ参照）も似たしくみを用いていますが、こちらが食品内の水分子に働きかけて加熱するのに対し、IHの場合には、金属などの導体を使った釜に渦電流が発生する際の電気抵抗に伴うジュール熱で温めるという違いがあります。

IHを使った炊飯器は、図1－27のような構造をしています。「電気抵抗によるジュール熱で温める」のはヒーター加熱型と同じですが、後者が、「ヒーターの熱が内釜に伝わって、それがさらに米と水を温める」という2段階を経るのに対し、IH加熱では内釜が直接熱を発することで、より効率的に、高い火力を発することができるのです。

電磁誘導を止めれば加熱は終わり、内釜がより早く冷え

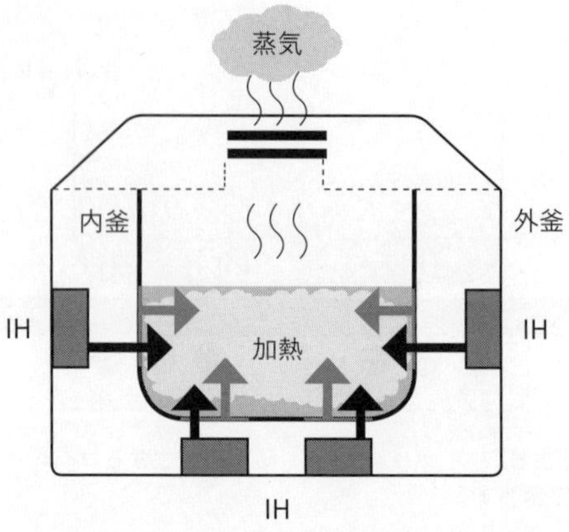

図1-27　IH炊飯器のしくみ　誘導加熱で内釜が直接発熱し、米と水を温める。

るため、ヒーター式と違って「素早く加熱して素早く止める」ことが可能なのも、IH 炊飯器の強みになっています。加えて、安全性の観点からもメリットがあります。ヒーター加熱では、ヒーターそのものが赤熱し、きわめて高い温度にならないと内釜が温まらないため、炊飯器が倒れたり壊れたりした場合にヒーターの赤熱部が非常に危険です。IH の場合は赤熱部が存在しないので、比較的安全と言えるのです。

もちろん、IH 炊飯器にも弱みはあります。IH では、釜全体を均一に加熱するのが難しいのです。ヒーター式で全体を加熱する場合には、さまざまな場所にヒーターを置くだけで問題は解決します。ところが IH の場合は、複数の IH ユニットが発生させる磁気どうしが干渉すると内釜を正しく発熱させることができないため、別個のユニットを密着させることができません。ユニットの間隔に応じて、発熱にムラが起きやすくなるのです。

干渉を避けるため、個々のユニットを少しずつずらして配置し、順々に加熱していくことで釜全体を温めます。IH ユニットを「どこに」「どれだけ」配置するかは、炊飯器のサイズや種類によって異なりますが、すべてを一気に使うと家庭用電源では許容できない量の電力を消費するため、必要に応じて切り換えながら、全体として熱量を高める工夫をしています。

内釜が「アツい」理由

複数のIHユニットを積極的に使うメリットとして、ユニットの位置によって加熱する場所を変化させることで、内部のお湯の対流を制御して変えられることが挙げられます。パナソニックの炊飯器では、0.04秒単位で加熱位置を切り換えることで、沸騰する泡の発生位置を変えて対流を制御し、米がより釜の内部で激しく動くよう工夫しています。同社が「おどり炊き」とよぶ技術です（90ページ図1－29の右参照）。

ヒーター式とIHのもう1つの大きな違いとして、内釜の素材がまったく異なる点が挙げられます。ヒーター式では、ヒーターからの熱伝導率が重要であるため、内釜に熱伝導率の高いアルミや銅などを使うのが一般的です。ヒーター型は低価格であることが求められるので、実際にはアルミ製のものがほとんどです。

一方、IHでは内釜に求められる条件が変わってきます。銅やアルミは熱伝導率は高いものの、IHでの発熱効率を左右する電気抵抗が低く、うまく発熱しません。この観点からは、鉄やステンレス、炭素などを使うのがベストなのですが、これらの素材には伝導率で劣るという欠点があります。

Trivia

そこで、「発熱のための金属」と「水や米に熱を伝えるための金属」を貼り合わせた「多層型の内釜」を使うのが一般的になっています（図1－28）。その結

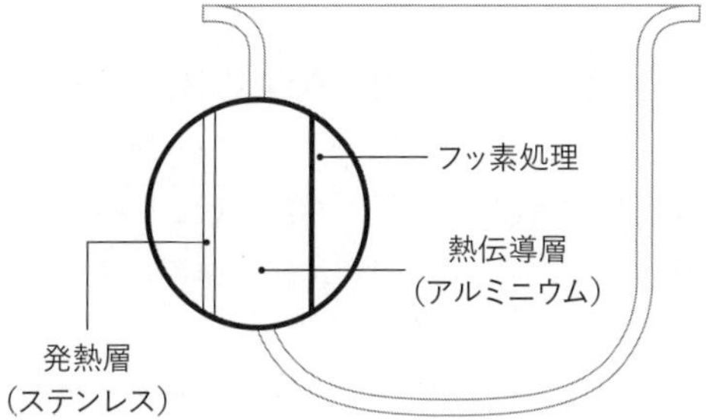

図1-28　多層型の内釜の例　ステンレス製の「発熱層」とアルミ製の「熱伝導層」からなる。

果、IH 型の内釜は当然、ヒーター式のものより重く、加工が複雑で高価なものが多くなっています。アルミは加工性が高いのですが、これに鉄などを組み合わせた多層型の内釜を作ると、どうしてもコストがかさみます。IH 型が「高付加価値型の炊飯器」とよばれることが多い理由の１つに、内釜にかかるコストの高さがあります。

メーカー間の技術競争という観点からは、「おいしいご飯を炊ける機種なら高価格でも販売できる」ということでもあり、内釜の素材や構造は、各社がさまざまに創意工夫を凝らしてしのぎを削る対象となっています。多層化や内壁へのコーティングといった構造上の差別化に加え、材質については炭入りのものや土鍋・鉄釜など、多種多様な製品が登場しています。

「甘み」と「うま味」を生み出すプロセス

IH型は1980年代に誕生し、90年代に一般化しましたが、その後に登場し、現在の高付加価値型炊飯器で主流となっているのが「圧力型IH」です。

圧力型IHでは、内釜と上蓋の構造を変え、器内の密閉度を高めることで、炊飯時に出る水蒸気で内部を加圧します（図1－29）。最大で1.4気圧程度と、極端に圧力をかけるわけではありませんが、水の沸点である100度よりも高い温度で煮炊きできるようになるメリットがあります。

Trivia

炊飯では、「アルファ化（糊化）」という現象が非常に重要な役割をはたします。ご飯の甘みのもととなる物質がデンプンであることはご存じだと思いますが、

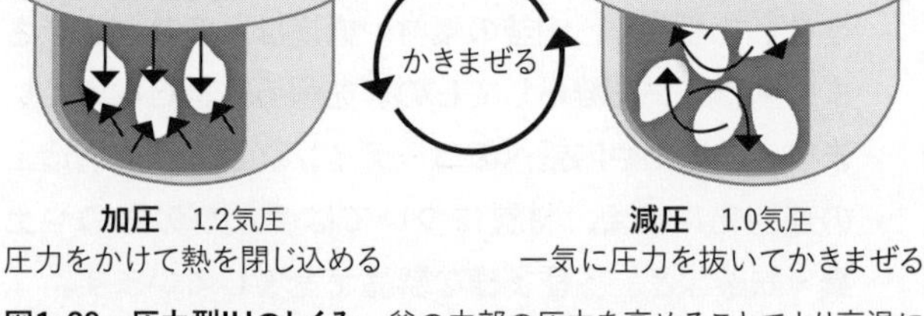

加圧　1.2気圧
圧力をかけて熱を閉じ込める

減圧　1.0気圧
一気に圧力を抜いてかきまぜる

図1-29　圧力型IHのしくみ　釜の内部の圧力を高めることでより高温になり、米の芯まで熱が通る（左）。一気に減圧すると、激しい沸騰が起こって釜の底から米が一気にかきまぜられる（右）。

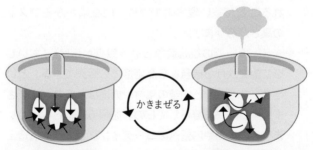

実は、デンプンには2種類あります。「αデンプン」と「βデンプン」です。

加熱前のβデンプンの状態では、人はお米をおいしく感じません。しかし、加熱してαデンプンになると(アルファ化)、甘みとうま味を感じるようになるのです。体内で消化・吸収される際も、αデンプンのほうが効率的です。いったん炊いた後のご飯が冷えるとまずく感じられますが、一度できたαデンプンが再度、βデンプン化するために生じる現象です。

炊飯時にアルファ化を促進するには、十分な火力が必要です。熱をしっかり入れて炊飯しないと、αデンプンに変化する過程で水分が残りすぎて、ベタッとしたご飯になってしまうからです。かまどやガスのように強い火力で炊いたご飯がおいしいといわれる一因が、ここにあります。

この状況を電気炊飯器で再現するには、可能なかぎり高い火力で、高い熱をかけて炊くのがベストです。この要求に応えるために、圧力をかけて沸点を上げ、高い温度でご飯を炊く圧力型IH炊飯器が登場したのです。圧力型IH炊飯器では、おおむね110度まで加熱して調理することが可能です。

圧力型IH炊飯器の登場以前から、炊飯工程の最終段階での熱量を高め、よりおいしい炊き上がりを目指した製品は存在しました。かまどでご飯を炊く際のコツを再現したものです。そのコツとは、一度火力をかけて吹きこぼれるくらいの状態にすることで、一気にご飯に熱を入れてアルファ化を促すプロセスなのです。

この機能を採り入れた従来製品でも、よりおいしい炊き上がりを実現することは可能でした。しかし、熱を入れやすい最終工程の時点では、多くの水分がすでに水蒸気になってしまっています。そのため、どうしてもご飯が焦げやすくなるという問題がありました。

圧力型IHによる炊飯では、水蒸気の圧力で加圧して熱量を上げるため、強く熱をかけて一気に炊き上げてもご飯が焦げつきにくいという長所があるのです。

「炊飯器だけに可能な炊き方」とは?

圧力型IHによる炊飯が、日本の伝統的な炊飯方式である「炊き干し法」の再現に有利な理由がもう1つあります。キーワードは、「おねば」です。

ご飯を炊くと、沸騰時にねばねばした液体、いわゆる「おねば（御粘）」が出ます。米から出てアルファ化したデンプンが含まれているおねばには当然、ご飯のうま味がかなり含まれています。

ちなみに、インディカ米を湯取り法で炊く場合には、臭みをとる意味もあって、おねばの含まれたお湯は捨ててしまいます（もったいない！）。そのため、日本のご飯になじみのない海外の人たちのなかには、炊きたてのご飯の香りを苦手に感じる人が少なくないそうです。

Trivia

おいしく炊けたご飯では、おねばが全体にいきわたり、うま味が増します。このとき、全体がグツグツと煮えて、奥から気泡がご飯を押しのけ、穴を作りま

す。カニの巣穴に似ていることから、「カニ穴」などとよばれ、おいしく炊き上がったご飯の目印とされます。カニ穴ができるほど煮えたぎった場合、十分に強い熱で加熱された上に、おねばがご飯全体にいきわたりやすくなるため、おいしいご飯になるわけです。

直火のかまど炊きに比べると、電気炊飯器はどうしても火力に劣りますが、圧力型IH炊飯では、加熱の問題がある程度解消できます。その上で、「おねばのうま味」を積極的にご飯に戻すよう、工夫が加えられた製品が増えてきています。

前述のとおり、圧力型IH炊飯では、炊飯時の蒸気の圧力を使います。すなわち、おねばが混じったお湯や蒸気を釜の内部に還流させているということです。炊き上がる前

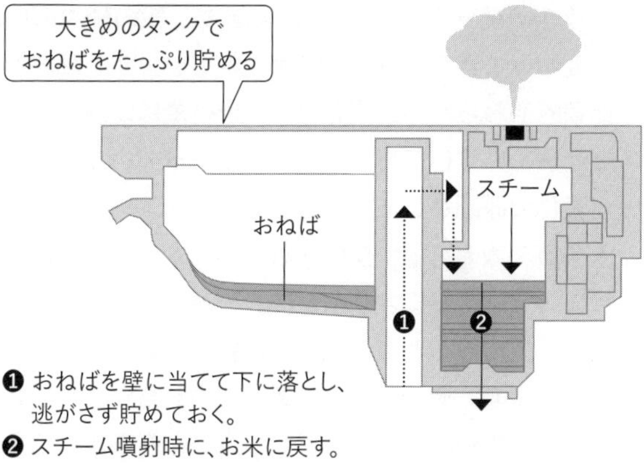
大きめのタンクで
おねばをたっぷり貯める
スチーム
おねば
❶
❷
❶ おねばを壁に当てて下に落とし、
逃がさず貯めておく。
❷ スチーム噴射時に、お米に戻す。

図1-30 「おねば」を一時蓄積・濃縮して、ご飯に戻すしくみ 炊飯器にしかできない「炊き方」を実現。

に圧力を抜きますが、その前段階で「うま味の詰まった蒸気」を活かした調理が行われます。

パナソニックの製品の場合、おねばは「うまみ循環タンク」に蓄えられて、濃くなった状態でご飯に戻されます。蒸気は200度まで加熱され、追い炊きの際の加熱に使われます（図1-30）。このような炊き方は、かまど＋土鍋のセットでは決して実現できません。炊飯器はすでに、「炊飯器にしかできないご飯の炊き方」の領域に踏み込んでいるのです。

「万人受けするご飯」不在の時代に

みなさんは、どんなご飯を「おいしい」と感じるでしょうか？

Trivia

近年の調査では、「年代によってご飯の硬さの好みが変わってきている」と指摘されています。高齢者は比較的やわらかいご飯を好み、若い層は以前よりもずっと硬めに炊いた米を好むようになっているのです。

変化の原因として、コンビニエンスストアなどで購入するご飯の影響が挙げられています。たとえばコンビニの弁当やおにぎりなどは、一度冷えた後に温めなおして食べることを前提に、比較的硬めにご飯が炊かれています。そのようなご飯は、やわらかさや甘さには劣るものの、よりのどごしがよくなります。こうしたご飯を多く食べて育った層と、そうでない層との間でご飯に対する嗜好が変化している事実を前に、「こ

> **の炊き方が誰にとってもおいしい」という万人受けするご飯は定義しづらくなってきています。**

「おいしいお米」を求める消費者が増えた結果、以前に比べ、いわゆるブランド米の種類も増えてきています。味や食感にそれぞれ特徴があり、消費者の好みもまちまちです。

「おいしいご飯」のとらえ方の変化と、ブランド米に代表される米の多種・多彩化は、炊飯器の開発者泣かせでもあります。米の種類や水分量によって最適な炊き方が変わってくるため、「いつも同じ炊き方」では通用しなくなるからです。

加えて、健康志向の高まりによって、白米ではなく玄米や雑穀米を好む人も増えてきました。適切な水分量・炊き方のバリエーションは、さらに増えることになります。

食のあり方が多様化した現在、ユーザーの年齢層や米の種類を考慮した「炊き分け」が重要になっているのです。炊飯器の制御は十分に高度化しており、適切なパラメータを与えれば「炊き分け」そのものは難しくありませんが、実際に操作する人の側が、炊飯器に正しい指示を伝えるのは容易ではありません。

全自動で最適な炊き分けができるほどには、技術がいたっていないなかで登場したのが、スマートフォンを活用する方法です。たとえば、米のブランドに応じた炊き分けを行う場合には、スマートフォンのアプリ上で米のブランドと好みの食感を選び、この機能に対応する炊飯器にかざすだけで終了です。

「NFC（Near Field Communication）」という近接通信技術を使って、選択した設定に対応した適切な炊飯工程が炊飯器に転送されます。インターネットを介して最新の炊飯レシピを手に入れて設定する、といった利用法も可能な便利なしくみです。

炊飯器の多彩な機能はすべて、「簡単かつ確実に、おいしいご飯を炊く」ために盛り込まれています。その実現に要する手間と技術は膨大なものですが、そこに十分に高い価値を認めるほど、日本人は「ご飯の味」にこだわっているのです。

第2章 生活を豊かにする家電

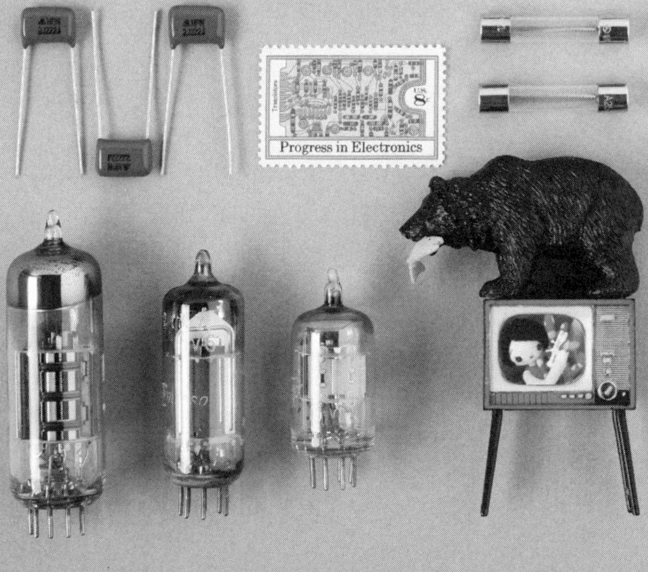

06

テレビ

天文衛星の技術が促す進化

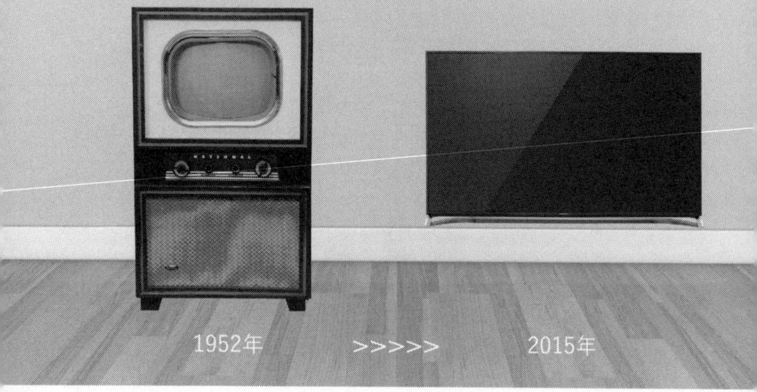

デジタル時代になって“ノイズ”にも変化が

テレビの技術史は、受信感度の向上を中心とした「高画質化の歴史」です。

日本におけるテレビ放送は1953年に開始され、すでに60年以上の歴史をもっています。当初は白黒放送でしたが、早くも1960年にはカラー化されました。2011年7月（岩手・宮城・福島は2012年3月）には、地上波・衛星放送ともにデジタル化され、現在は高画質かつ大画面を実現できる「薄型テレビ」が主流を占めています。

放送開始以来、「テレビ局からの放送を受信・視聴する」というテレビの機能は変わりませんが、それを実現するための技術が大幅に変化しています。

テレビ放送の映像は、明るさを表す「輝度」と、色の違いを表す「色差」の情報で作られます。初期の白黒放送では輝度だけが、カラー放送では輝度と色差の両方が組み合わされています。白黒テレビでも、輝度の情報だけを使って、色のないカラー放送の映像を見ることは可能でした。

デジタル放送の時代になっても、映像は変わらず「輝度」と「色差」の情報からできています。より多くの情報を送ってより高画質な映像を実現するために、情報の伝達方法が「アナログ」から「デジタル」に変更されたのです。

Trivia

アナログ放送は技術的にシンプルですが、電波の強度やノイズの量によって、発信元（放送局）の映像・音声が劣化することを防ぐのが困難です。アナログ放送の時代に、テレビ画面に雨だれのような白いノイズがのった状態を見た記憶がないでしょうか？　映像・音声の劣化が生じうるアナログ放送ならではの現象でした。

デジタル放送では、受信効率が少々悪くても情報が正しく再現できる範囲内にあるかぎり、映像にノイズは生じません。ただし、受信感度が一定以下になると、コマ落ちが発生したり、番組の受信ができなくなったりします。あたかもモザイクがかかったように、画面全体やある一区画が、ブロック状に崩れるような現象を経験した方もいらっしゃることでしょう。特に衛星放送の場合には、急な夕立や大量の降雪などが発生した際に、一時的に受信感度が低下し、視聴できなくなることがあります。

走査線でどう映像を描いていたのか

情報の伝達方式に加え、デジタル放送になって大きく変わったものとして、映像を表示するしくみが挙げられます。

アナログ放送時代のテレビには、「CRT（Cathode Ray Tube）」とよばれる装置が使われていました。いわゆるブラウン管です。ブラウン管は、管の根元にある電子銃から電子を発射し、蛍光物質が塗られた面に電子がぶつかると

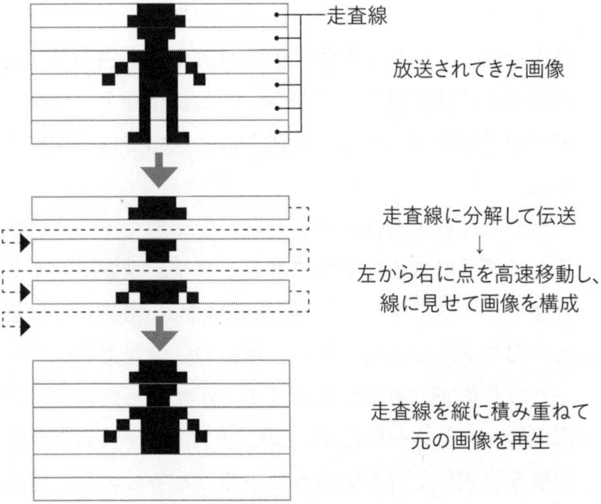

図2-1　走査のしくみ

きの発光で映像を作ります。そのしくみ上、ブラウン管時代のテレビは、左から右に描いた線を順に積み重ねて画面を構成していました（図2－1）。

この画面を組み立てるしくみを「走査」、走査の1ラインを「走査線」とよびます。映像1コマ分の走査が終わった段階で次のコマを描き、それが終わるとまた次のコマを……という流れで映像を組み立てます。より正確には、走査時の光の「残像の積み重ね」で映像を作っていました。ブラウン管の電子銃はつねに「点」を描画し、その残像が「線」となり「面」となるのを私たちは見ていた、ということです。

日本のアナログ放送時代における画面全体での走査線の数は、最大525本でした。それを奇数行目と偶数行目に分

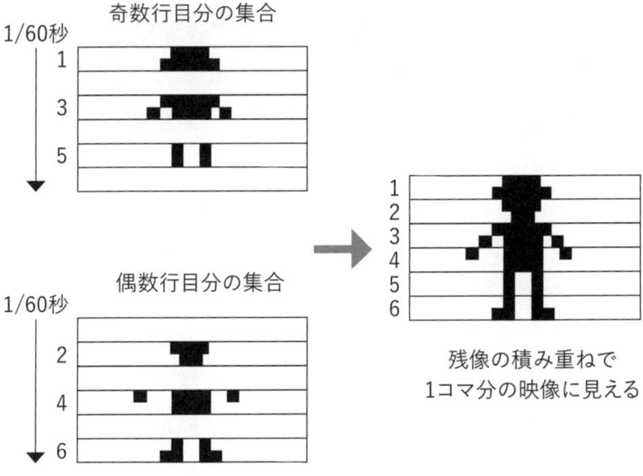

図2-2　飛び越し走査（インタレース）による「コマ」のつくり方

け、「奇数行目分の集合・1画面分」を60分の1秒で、「偶数行目分の集合・1画面分」を同じく60分の1秒で描き、両方を組み合わせて「1コマ」としていました（図2-2）。

したがって、1秒間の映像は30コマから構成されていることになります。しかし、奇数行目と偶数行目では映像が少しずつ異なるため、動きは「60コマ分存在する」のに近くなります。このようなしくみを「飛び越し走査」、または「インタレース」とよびます。アナログ時代のテレビが、「画像に大量の細い線があるように」見えていたのは、インタレースで映像を描いていたためです。

Trivia

複雑な構成に思えるインタレースが採用された背景には、1940年代から60年代の技術では、テレビ放送の規格として、60分の1秒で1コマを構成するだけの情報を伝送するのが難しかったという事情があります。それでも、1秒を30コマで表現するより、60コマにしたほうが動きがなめらかになり、視聴しやすい映像になることから、インタレースが用いられたのです。

ブラウン管は、比較的簡単に製造できるのが特徴です。アナログ放送のしくみはそもそも、ブラウン管のしくみを考慮した上で作られたものでした。

他方で、走査線を積み重ねるブラウン管のような表示方式は、正確な「1ドット」を表示するには向きません。どうしても映像がぼやけやすいからです。画面に表示する情報量を増やすためには、走査線を増やすしかありませんが、当然限界があります。電子銃から電子を飛ばして画面に当てるには、どうしてもある程度の距離が必要になるので、薄型化にも不適合です。

ブラウン管のボディはガラスなので、大きな画面を作ると、非常に分厚くて重いものになってしまいます。価格を下げるのも困難という問題を抱えていました。

液晶とは「シャッター」である

ブラウン管に代わり、現在のテレビの表示装置として使われているのは、ほとんどが液晶ディスプレイです。現在のハイビジョン放送とアナログ放送時代とを比べると、情報量が約6倍にまで増えており、解像度の高い表示技術が不可欠です。

液晶には、CRTと違って走査線がありません。画面全体が液晶で作られた細かいシャッターになっていて、映像に合わせていっせいにオン／オフされます。そのシャッターの背後から光（バックライト）が透過してくることによって、映像を構成しているのです（図2－3）。

液晶テレビにおける「解像度」とは、液晶のシャッター数のことを指します。ただし、カラー映像を実現するために、現在の液晶パネルでは、光の三原色である「赤（R）」「緑（G）」「青（B）」の3つの点を1セットにして、1つの「画素」としています。

3つ同時に光を通せば白、全部閉じれば黒であり、色や明るさの調整は、RGBそれぞれのシャッターの“閉じ具合”を調整することで実現します。一般的なテレビの場合、横

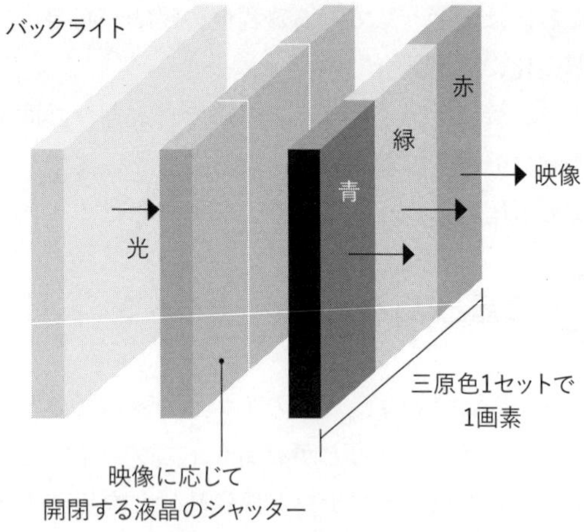

図2-3　液晶ディスプレイが映像を表示するしくみ

1920×縦1080個の画素が、最新の「4Kテレビ」ではその4倍の3840×2160個の画素が並んでいます。この画素＝ドットの数が多いほど、同じ面積の中でより細かな映像を表現できるため、解像度の高い緻密な映像になるのです。

液晶ディスプレイは、薄型のガラスを組み合わせたような構造をしているため、ブラウン管に比べて軽く、大型化に適しています。また、ブラウン管にはとうてい不可能な、小型ディスプレイにも応用できます。スマートフォンからテレビまで、あらゆる製品に液晶ディスプレイが使われているのは、その万能性ゆえです。

その液晶にも、弱みはあります。最大の弱点は、映像のコントラストが生まれづらいということです。

液晶ディスプレイは、ステンドグラスのような特性をもっています。液晶のシャッター能力では、後方から照らされる光を100％カットするのは困難で、「すべてのシャッターが閉じた状態で表現する黒」がほんのり明るくなってしまうのです。

一方、色を再現するためにフィルターを通す必要性から、最も明るい状態にしても、バックライト本来の明るさと比較すると、わずかに暗くなります。コントラストは「明るい状態」と「暗い状態」の差で表現するため、明暗の両端に制約のかかる液晶ディスプレイは、他のディスプレイデバイスに比べて、明暗の差が小さくなりやすいのです。

ところで、液晶と同時期にテレビに使われるようになった技術に、「プラズマディスプレイ」があります。これは、非常に大ざっぱに言えば、極小サイズの蛍光灯を画面に敷き詰めたようなものです。赤・青・緑の蛍光体に、超小型の電極間で発生する紫外線がぶつかることで発光します。

液晶に比べて大型の画面を作りやすく、どの角度から見ても同じような発色を保てるという特徴があります。映像を描き換える速度が速く、残像が出にくいというメリットもあり、1990年代以降、大型テレビ向けの技術開発が進められていました。

発色のよさや映像の「キレ」を好むファンが、いまも存在します。しかし、液晶ほど製造を手がけるメーカーが多くなかったこと、原理的に高精細化が苦手であること、ピーク輝度で液晶に劣ることなど、欠点も存在しました。液晶との競争のなかで徐々に優位性を失い、特にコスト面での不利が明確になったことから、現在はテレビに採用するメーカーも減り、液晶に主力の座を明け渡しています。

有機ELディスプレイは液晶を駆逐する?

液晶ディスプレイを超える潜在能力を秘める技術として、「有機EL」ディスプレイを用いたテレビが登場しています。有機ELは、液晶パネルの光源に使われている「発光ダイオード(LED)」と似ていますが、発光に有機化合物を使う点が異なります。近年は、「OLED(Organic Light Emitting Diode)」の略称でもよばれています。

液晶ディスプレイの光が「バックライトから発光し、液晶を透過してきたもの」であるのに対し、有機ELは「自らが発光するもの」である点で本質的に異なっています(図2-4)。液晶の弱点を解消し、完全な黒を表現できることから、コントラストをより強く出せるのが特徴です。また、有機ELは色の再現範囲が広いために色が濁りづらくなり、発色も鮮やかになるメリットがあります。

現時点での有機ELがもつ欠点は、「量産性」と「コスト」です。スマートフォン向けの小型パネルは低コストが実現しつつありますが、テレビ向けの大型パネルは、長寿命で発色のよいものを作るためのコストが液晶に比べて高く、リーズナブルな価格で製造するのは困難です。

量産性を高めて低価格化を目指すために、赤・緑・青の3色で発光させるのではなく、白だけで発光するパネルを

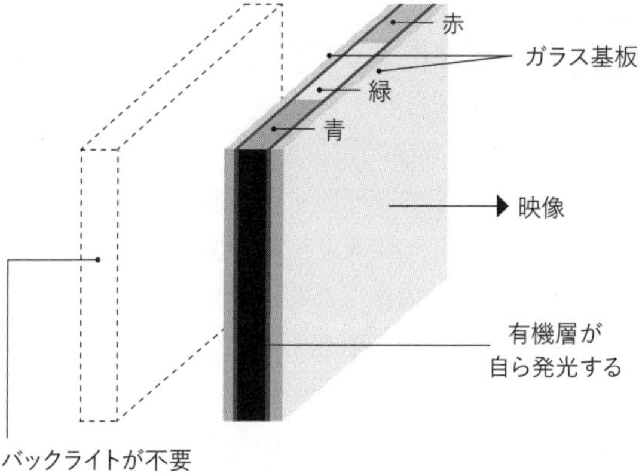

図2-4　有機ELディスプレイが映像を表示するしくみ

作る試みもなされています。そのパネルの上に赤・緑・青の3色のカラーフィルターと白枠を設け、色に合わせて発光する場所を変える技術です。

ただし、有機EL技術が本来もっている発色のよさがいくぶん犠牲になってしまうという欠点があります。さらに、この新技術をもってしてもなお、コスト面では液晶に大きく劣るのが実情です。

有機EL技術が試行錯誤されている間にも、液晶ディスプレイの技術は進歩し、弱点とされてきた発色やコントラストの問題も改善されてきています。今後、どちらの技術が主流になるかは、いまだ混沌としているのが実情です。

高解像度テレビならではの弱点とは?

高解像度化・大画面化したテレビの課題の1つに、「解像度の低い映像」をどう映すかがあります。現在のテレビは「点(ドット)の集まり」で映像を描きますが、もともと点の数が少ない映像(たとえば、アナログ放送時代に作られた映像)を表示すると、どうしても「ぼやけた」印象の映像になりがちだからです。

たとえば、ハイビジョン対応の液晶テレビ(1920×1080ドット)の4分の1の解像度しかない映像があったとしましょう。もとの映像の「1ドット」は、この液晶テレビ上では4つの点の塊で表されます。ブラウン管とは異なり、液晶ディスプレイは点と点の境目をシャープに再現できるため、なんとも大味で、大ざっぱな映像に感じられることでしょう(図2-5)。

もとの映像の解像度が「整数分の1」になっているならまだマシです。実際にはもっと半端な比になっているケースが多く、単純に拡大して映像を作ると、映っている人物や景色、物体の輪郭や色合いが大幅に「鈍る」ことになります。

この問題を解消するため、ハイビジョン対応以降のテレビでは、解像度が低かったり、逆に高すぎたりする映像を、実際の画面サイズに合わせて「美しく見える」ように補正する技術が搭載されています。

「解像度の低い映像を美しく見えるようにする」技術とい

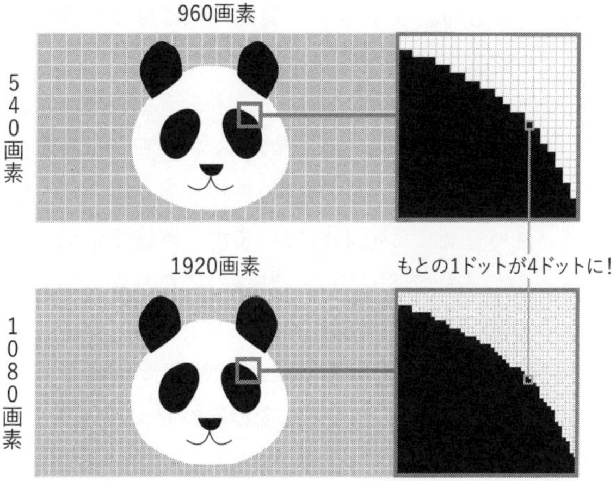

図2-5　解像度の低い映像を高解像度テレビに表示した際に、「ぼやけてしまう」理由

うと、アナログ放送をハイビジョンテレビで見るといった用途しか思い浮かびませんが、実際には、さまざまな場面で応用可能です。

Trivia

液晶テレビの多くは1920×1080ドットですが、日本の地上デジタル放送の場合は1440×1080ドットと、横の解像度が少なくなっています。そこで、画面に表示する際には、横に引き延ばして表示することになります。

この程度の差であれば、単純な拡大でもまずまず満足できる映像になりますが、後述する「超解像」技術を搭載したテレビでは、横方向への拡大に超解像技術を使うことで、より自然な映像になるよう補正するこ

とができます。その差は、見比べればはっきりわかるほど歴然としています。

現在の多くのテレビにはインターネット接続機能が搭載されており、「YouTube」などのネット動画が視聴可能です。ネット動画の多くは、通信の負担を減らすため、情報量を落とす「圧縮」が行われています。解像度が低く、ディテールのつぶれた「見づらい映像」になりがちですが、このような場合にも、補正技術が威力を発揮します。ネット動画特有のノイズを除去した上で超解像技術をかけると、より見やすい映像に生まれ変わるのです。

粗い映像を美しく見せる「超解像」技術

解像度が低い映像を見やすく補正するには、具体的にどのような技術が必要なのでしょうか？

シンプルかつ効果の高い手法として、映像の「エッジ」に注目するやり方があります。解像度の低い映像の難点は、ぼやけて見えることです。ぼやけて見えることを防ぐために、顔の輪郭や建物の端の部分など「明るさ（輝度値）が大きく変化する部分＝エッジ」を検出し、その境界部がはっきりシャープに見えるよう加工すればよいのです。単純に映像を拡大した場合に比べ、これだけでかなり見やすくてリアリティのある映像になります（図2-6）。

ただし、エッジを単にシャープにするだけでは、かえって不自然な映像になってしまう危険性があります。手前に映っているものと奥に映っているもののエッジを、同じよ

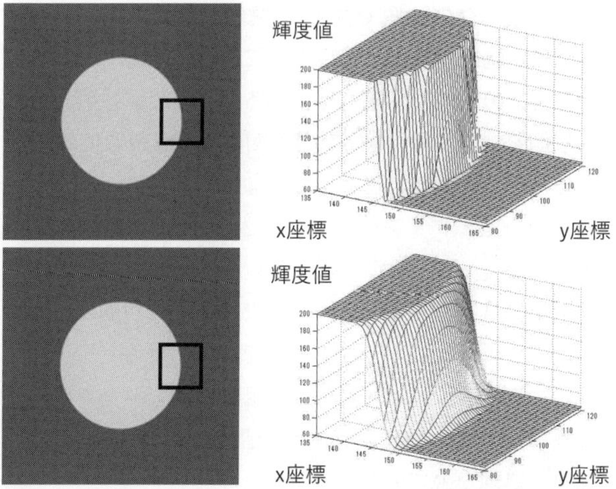

図2-6　エッジをシャープにする超解像技術　映像の明るさの違い(輝度値)に着目。輝度の差が急に変化するところはエッジがシャープであると判断し、解像度を高める際にも輝度の差を保つ。

うにシャープにしてしまったのでは、映像から立体感が失われ、きわめて不自然な映像になります。また、シャープにしすぎると、どこかギスギスした、固い印象の映像になってしまいます。

そこで導入されるのが、より高度な技術です。特に、解像度の低い映像をパネルの解像度に合わせて「高解像度化」することを、「アップコンバート」あるいは「超解像」とよびます。

Trivia

実は、超解像技術のクオリティが、現在の液晶テレビのクオリティを決めています。たとえば、最新の4Kテレビでは、もはやハイビジョン放送やブルーレ

イディスクの映像でさえ、「解像度が足りない」状態です。超解像技術を使うことによって初めて、ハイビジョンの映像が本来もっている「正味の情報量」を出し切り、あたかも4倍の解像度をもつ映像であるかのように見せることが可能になるのです。

通常のハイビジョンに相当する2Kのテレビではノイズのように見えるタバコの煙が、4K＋超解像では微細にたなびく煙に見えてくるくらい強力な技術です。別の言い方をすれば、単純に拡大してエッジを持ち上げる（シャープにする）のではなく、「まるで解像度そのものを高めたかのように、映像中のディテール・情報量が増えてくる」のが超解像処理なのです。

Trivia

この超解像技術は本来、テレビ用に開発されたものではありません。1960年代には、実は天文学や宇宙探査の分野で利用されていた技術なのです。

当時の観測衛星や望遠鏡技術では、解像度の高い天文映像を得られないケースが多々ありました。天文学の知見を積み上げていくために、複数の粗い映像を組み合わせることで、1枚の低解像度画像からは読み取れないディテールを補って、より解像度の高い天文映像を作り出す技術が開発されたのです。

そのノウハウがやがて、業務用の映像機器向けに応用・開発されたのちに、ハイビジョンテレビの興隆によって、テレビを高画質化する技術として花開いたのでした。

どうやって高解像度化するのか

超解像技術にもさまざまなアプローチがありますが、パナソニックは現在、「データベース型」と「モデルベース型」とよばれる2つの処理法を採用しています。

データベース型から説明しましょう。

まったく同じ映像について、「解像度の低いもの」と「高いもの」の両方を用意し、その違いを分析する作業を、さまざまな絵柄の映像を使って繰り返し行うと、いくつかの共通した傾向が存在することが明らかになってきます。たとえば、顔の輪郭や毛髪部、森や煙といった映像にはそれぞれ、解像度が下がったときに「どう情報が劣化するか」について個々に特徴があるのです。「どう劣化するか」がわかることがきわめて重要で、この情報を逆算することで、「どう情報を補うか」の方針が見えてきます。

具体的に考えてみましょう。まず、対象となる映像を細かなブロックに分割します。次に、各ブロックをそれぞれ「超解像用のデータベース」と照合し、パターンが適合したものに合わせて、そのブロックでどのような処理を行うかを判断し、画面全体で適切な超解像処理を目指します(図2-7)。

この手法で重要なのは、①いかに画面を適切にブロック分けするか、②いかに高精度で多彩な超解像用のデータベースを用意するか、の2点です。先ほどは、「顔の輪郭」や「毛髪」といった場合分けで説明しましたが、実際には

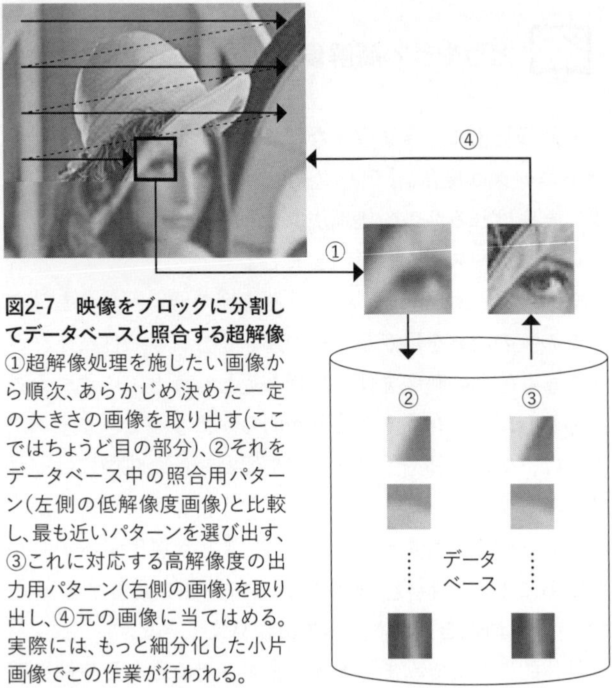

図2-7　映像をブロックに分割してデータベースと照合する超解像
①超解像処理を施したい画像から順次、あらかじめ決めた一定の大きさの画像を取り出す(ここではちょうど目の部分)、②それをデータベース中の照合用パターン(左側の低解像度画像)と比較し、最も近いパターンを選び出す、③これに対応する高解像度の出力用パターン(右側の画像)を取り出し、④元の画像に当てはめる。実際には、もっと細分化した小片画像でこの作業が行われる。

もっとずっと複雑で、細かなパターン分けが行われています。パナソニックを例にとると、4K の場合で 12 万パターンが、2K の場合でも 3 万パターンが用意されています。

Trivia

実はこれでも、テレビのパーツとして許容可能なコストの範囲内で適切な効果を得るために、数を絞っています。開発の段階では、実に数千万パターンを評価し、効果的な要素を見極めた上で、製品としてのテレビに組み込むために適切なパターンを抽出していま

す。テレビ1画面分の超解像処理に使える時間は100分の1秒にも満たないのですが、開発段階の解析には、映像1コマの解析に1日以上の時間がかかることもあるのです。

最新のモデルベース型超解像ではまず、撮影された映像がもともとどんな機器で撮影されたのかを判別します。さらに、その映像が「放送」「ディスク」「ネット配信」などの、どの方法でテレビに入力されたものかを識別した上で、それぞれの映像がもつ特徴的な情報を用いて、より適切な超解像処理を試みるのです。

次なるターゲットは「色」の見直し

最新鋭のテレビにおいて、高解像度化とともに機能拡張が進みつつあるのが「色」の見直しです。

Trivia

実はテレビの弱点は、ブラウン管の時代からつねに「色」にありました。私たち人間の視覚は、「明るさの変化」より「色の変化」に対する反応のほうが鈍いため、ブラウン管の頃から今にいたるまで、大量の情報量をもつ映像から色の情報を削ることで、放送や配信を実現してきた経緯があるのです。

また、従来の液晶ディスプレイは、発色とコントラスト性能に弱みを抱えていたことが、高画質化にあたってのネックになっていました。

しかし、技術の進歩に伴って、データ量の問題も液晶ディスプレイの表現力の問題も、ほぼ解決されてきています。特にインパクトが大きいのが、1つはバックライト制御と映像処理の組み合わせによる進化で、もう1つが色の再現範囲の広いバックライトが開発されたことです。

液晶ディスプレイは、バックライトの光によって映像を作ります。そこでまず、映像の暗いところと明るいところを解析し、それに合わせてバックライトを制御する技術が生まれました。明部と暗部でバックライトの照度を変えるのです。これによって映像のコントラストが向上し、発色のよいバックライトとあいまって、より正確な色再現が可能になりました。

輝度の変化に合わせ、映像の明るさや発色のコントロールが必須になるため、バックライトの制御技術だけでなく、映像のリアルタイム解析と調節の技術が要求されます。テレビの高画質化においては、このような「技術の組み合わせ」が重要です。

もう1つ、この変化に合わせて登場したのが「ハイダイナミックレンジ合成」(HDR：High Dynamic Range imaging)という考え方です。

「夏の強い日差し」や「トンネルを出た直後の眩しさ」など、日常の世界には、明るい部分と暗い部分の差が極端に感じられる瞬間が多数存在します。そのような場面は、テレビ映像としてはなかなか実現しづらいものです。

HDRは、明るさの違い（ダイナミックレンジ）の情報をあらかじめ別途用意しておくことで、映像を表示する際のバックライト制御をより精密にし、明るい部分と暗い部分の表現を豊かにすることを目的としています。このことが結果的に、発色を豊かにすることにもつながったのです。

以前から、同じ色域・コントラストの中で映像を加工し、ダイナミックレンジがより高く感じられる映像を作る技術は存在していました。カメラなどで使われる「HDR」は、これを指す場合がほとんどです。ただし、テレビにおけるHDRは、ダイナミックレンジ情報を別に取得して画質を上げる技術であり、これらとまったく同じものではありません。

Trivia

実は、一般に流通している映像には通常、ダイナミックレンジ情報は付帯していません。しかし、2015年に定められた次世代光ディスク規格「Ultra HD Blu-ray」で映像にダイナミックレンジ情報を付帯する方法が盛り込まれたことに加え、インターネットを介した映像配信においても、ダイナミックレンジ情報を同時配信し、画質向上を狙うところが出始めました。

放送が今後、高度化するに際しても、解像度の向上とセットでHDRを採り入れることが検討されています。

07

ビデオレコーダー／ブルーレイディスク

テレビの使い方を変えた録画カルチャー

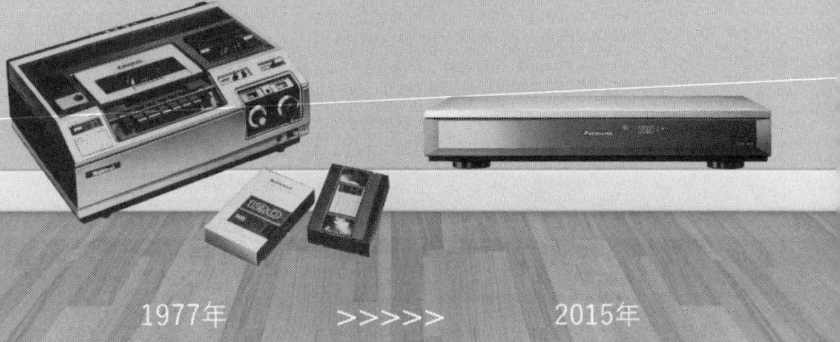

新規ビジネスが普及を後押し

ビデオレコーダー（ビデオ）はもともと、放送局で番組を製作する際に使う業務用の機器でした。家庭向けの製品として小型化・低価格化したのは、1970年代半ばのことです。

1975年にソニーが「ベータマックス方式」（通称ベータ）を、1976年に日本ビクターが「VHS方式」を発売し、各メーカー間の競争が始まりました。「ベータ対VHS」のフォーマット争いは10年以上にわたって継続しましたが、松下電器産業（現パナソニック）など、ソニー以外のほとんどの企業が後者を採用したことで、家庭用ビデオ向けとしては、最終的にVHS方式が勝利を収めました。

市場の分断が消費者に混乱をもたらしたことをご記憶の方もいらっしゃると思いますが、一方で、激しい競争の結果として技術が急速に進歩し、一般家庭にビデオデッキが普及する契機ともなる出来事でした。

発売初期のビデオデッキは、あくまで「放送された番組を録画して楽しむ」ものでした。やがて映画会社が「最初から映画を記録したビデオテープ」の販売を開始したことで、映像ソフトを販売するビジネスが誕生します。実は、映画会社は当初、映像販売ビジネスが大きなマーケットに成長するとは予想していなかったのですが、家庭用ビデオの普及とともに、急速に市場が拡大しました。

最初期の映像ソフトがかなり高価であったことが、店舗で貸し出す「レンタルビデオ」ビジネスの盛況につながり、レンタルで安価かつ手軽に映画を見られるようになったことが、家庭用ビデオのニーズをさらに高めました。ビデオデッキの普及が進むと、ビデオ向けのオリジナル作品が製作されるなど、低価格で映像ソフトを販売するビジネスも登場します。映像ソフトとビデオデッキの互いに追いかけあうような普及が相乗効果を生む形で、「テレビの使い方」が大きく変化していくことになりました。

VHS時代のビデオデッキは、映像をテープに記録していました。記録方式はアナログで、映像をテレビ放送に使われている映像信号に変換した上で、磁気テープ上に「磁気の強弱」で記録するしくみです。

放送方式が同じ国どうしなら同じテープが再生可能です

が、違う国のテレビでは正常に再生できない欠点がありました。アメリカと日本は同じ「NTSC方式」を採用しているので問題なく再生できた一方、「PAL方式」のヨーロッパで録画されたビデオは、日本のビデオデッキでは正常に再生できなかったのです。

Trivia

「記録できる映像の長さ」は基本的に「テープの長さ」とイコールですが、1画面分の情報を書き込む面積を狭くし、テープの巻き取り速度を落として再生することで、より長い映像を記録できました。VHS時代に広く使われていた、映像の記録時間が3倍に長くなる「3倍モード」は、このしくみを使ったものでした。

ただし、1画面分の映像の記録に使える面積が小さくなるぶん、取り出せる磁気の精度が落ち、必然的にノイズが多くなります。標準モードに比べ、3倍モードの画質が落ちるのはこのためでした。

日本独自の「録画文化」

VHSやベータには、いくつもの使い勝手の悪さがありました。映像を最後まで見ると、冒頭に戻すための「巻き戻し」が必要です。薄いテープは傷みやすく、いったん傷むと画質が落ちたり、正常に再生できなくなったりします。保存状態によってはカビが生えやすく、長期保存にも適していませんでした。

これらの問題を根本的に解決するためには、別のメディアへの移行が不可欠でした。レコードのような円盤形メディア（ディスク）なら巻き戻しの必要はありませんが、アナログ記録ではノイズが増え、画質を大幅に向上させることは不可能です。傷みに強く、高画質化が可能なメディアに移行するためには、アナログ記録からデジタル記録に変更するしかありませんでした。

映像販売ビジネスを手がける映画業界にとっても、テープを使いつづけることには多くの問題がありました。ソフトを生産する際に、個々のテープに映像を「記録」する必要があったからです。高速記録技術を使ってはいましたが、1本のテープの生産に少なくとも数分は要すため、効率がよくありません。生産効率を上げ、コストを下げて安価に販売するためには、劣化の少ないデジタル技術を用いてごく短時間で映像ソフトを生産できるようにする必要がありました。

ヒントになったのは、レコードやCDです。いったん「原盤」を作れば、スタンプのような形で簡単にソフトを量産できるメディアが、映像の世界でも求められていたのです。

そのような経緯から誕生したのが、CDと同じデジタル記録形式を採用したディスク、「DVD（Digital Versatile Disc）」です。CDでは不可能だった高画質の映像を記録するために大容量のディスク規格を策定し、映像の記録に応用したものです。

DVDのビデオ向け規格である「DVDビデオ」は、1996年に最初の対応プレーヤーが登場して以降、急速に普及しました。規格の誕生から20年が経過した現在でも、映像配布用メディアの中心はDVDビデオが担っています。

ハイビジョンに対応するのが難しいことから、映画の販売用メディアとしての主力は「ブルーレイディスク（Blu-ray Disc)」に移行していますが、パソコンやゲーム機を含め、DVDビデオが再生可能な機器が普及していること、生産コストが1枚あたり数十円以下と圧倒的に安価なことなどを理由に、レンタルや販売用はもちろん、雑誌や書籍の付録まで、DVDビデオは他を圧する幅広い用途に使われています。

ただし、このDVDビデオにもさまざまな課題がありました。特に、「テレビ番組を録画するメディア」として定着するまでには、発売から10年近くの時間を要しました。問題の1つは、DVDビデオの発売当初、「記録用ディスク規格」が未定だったことです。

Trivia

実は、テレビ番組を「録画する」文化は日本を中心としたもので、海外では意外なほど録画機能は使われません。世界的には、家庭用ビデオデッキのニーズは「映像ソフトの再生」が中心であり、DVDビデオの規格策定時も、映画会社などの意向を反映する形で、まず「再生専用ディスク」だけが定められた経緯があるのです。

VHSテープのように映像を記録・保存する「記録用DVD」が登場したのは1997年以降であり、ビデオレコーダーが普及したのは2000年代に入ってからです。また、記録用DVDには、「DVD-R」「DVD-RW」「DVD-RAM」「DVD＋R」「DVD＋RW」などの複数の規格が乱立し、ユーザーにとってわかりづらかったことも、混乱に拍車をかけました。

第二の問題として、記録時間がさほど長くないことが挙げられます。DVDの容量は片面1層で4.7GBです。この容量では、一般的な画質で2～3時間しか記録できません。画質を落とせばより長く記録することもできますが、それではVHS時代の課題をクリアしたことにはなりません。

この問題を解消するアイデアの1つとして、2000年頃から登場しはじめたのが「ハードディスクに録画する」方法です。ハードディスクはDVDより2桁以上容量が多く、何十時間・何百時間分もの映像が保存可能です。データの読み込みも素早く、操作性の面でも向上が見込めるメリットがありました。

現在のレコーダーは、番組をまずハードディスクに記録し、必要な映像だけをDVDやブルーレイディスクにダビングするものが主流になっています。

2011年に地上デジタル放送（地デジ）への完全移行がなされた結果、現在のレコーダーは、DVDを使うものから、ブルーレイディスクを使うものに変化しています。地デジによって映像がハイビジョン化され、情報量が飛躍的に増えた結果、DVDでは容量が不足してしまい、より高度なブルーレイディスクが主流になったわけです。

ブルーレイディスクでは、規格の策定当初から「録画用の記録型ディスク」を視野に入れた開発が行われたため、規格が乱立したDVDのような混乱は発生せず、普及がスムーズに進みました。

チャプターはなぜ、自動設定できる?

現在のレコーダーでは、録画した番組の「頭出し」がきわめて簡単に行えます。テープの時代には巻き戻し・早送りを駆使する必要があり、見たい場面に早く正確に移動するのは困難でした。ハードディスクの利用によって「巻き戻し」が不要になったことに加え、頭出し位置を「チャプター（章）」という区切りで管理するようになったことで、いつでも好きなシーンから番組を見るのが容易になっています。

この利便性を支えるカギは、チャプターの「自動設定」にあります。番組を録画する際、ほとんどのレコーダーでは、番組本編とCMの間や、番組内の大きな区切りとなる箇所に、自動的に「チャプター」が設定されます。再生する際には、リモコンの「チャプター送り」ボタンを押すだけで、次のチャプターへと一瞬で移動できます。

Trivia

最新のレコーダーでは、番組内容に関する情報をインターネット経由で取得し、テレビ番組に“もくじ”をつけることで、好きな部分だけを視聴することが可能になっています。グルメ番組の中で気になるラーメンのシーンだけをもくじから探して視聴する、といったこともできるのです。

チャプターの自動設定は、どのように行われているので

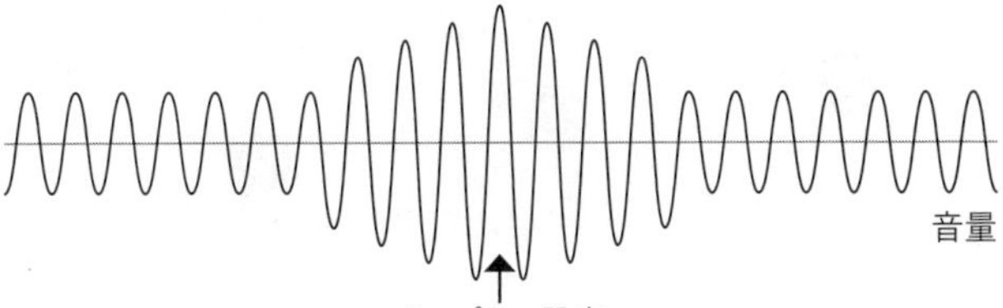

図2-8　音量の変化によるチャプターの自動設定　音の大きさをつねに監視し、音が大きくなったシーンなどを判断し、自動でチャプターを設定する。

しょうか？

当然ながら、放送される番組そのものに「チャプター情報」が含まれているわけではありません。あくまでレコーダーが自動判定して、区切りを入れているのです。

手がかりとなる情報が2つあります。

第一に「音声」。1つの番組内でも、シーンによって音量や音の性質が大きく変化します。CMと本編で違いがあるのはもちろんですが、たとえばサッカーのようなスポーツ番組の場合、得点シーンとそうでないシーンとでは、音声の盛り上がり方がまったく異なります。このように、音量や音の内容（モノラルとステレオとの切り替わりポイントなど）の変化が大きい箇所では、「シーンが変化した」と判断できるわけです（図2－8）。

第二に「映像」。映像の内容が大きく変化した場面を検出し、シーンの変わり目としてチャプターを設定します。

Trivia　**実は音声は、視聴者が聞きやすいことを考慮して、場面が変化する前後で幅をもってゆるやかに変化して**

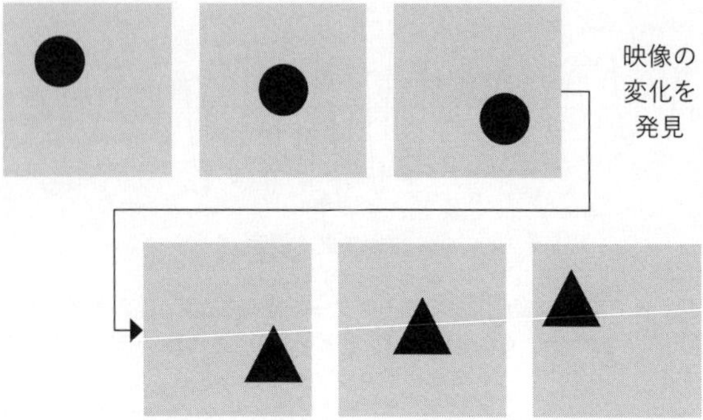

図2-9　映像の変化によるチャプターの自動設定　コマごとに映像を監視し、映像が大きく描き換わったところ＝番組の区切りと判断し、自動でチャプターを設定する。

います。そのため、音声の変化だけを手がかりにしたシーン検出では、実際の場面変化に対して１秒程度のズレが発生することがあります。そこで、音声の変化によって大まかなシーン変化点を見定めた上で、映像の変化を検出することで、より精度の高いシーン変化点を検出することができるのです（図２－9）。

すべての映像は「圧縮」されている

このようなシーン検出の技術はまた、映像を「圧縮する」際にも活用されています。

映像は、非常に巨大なデータです。アナログ放送時代の画質（標準画質＝SDとよばれる）でさえ、30分程度で約50GBもあり、デジタル放送向けのハイビジョン（HD）

では約260GBにもおよびます。これほど大量のデータを効率よく扱うには、「圧縮」技術が不可欠です。

圧縮とは、肉眼では判別しづらい（すなわち、鮮明である必要のない）部分の情報を間引き、全体の容量を大幅に減らす技術です。ポイントは、いかに全体として高画質を保ったまま、容量を削減するかにあります。

Trivia

実は、現在流通しているすべての映像は、圧縮して保存されています。SDの場合で通常30分が1GB弱に、HDでも6GB弱まで小さくされています。およそ40分の1から60分の1くらいまで容量が圧縮されている計算です。当然ながら圧縮率が小さいほど画質は精彩で、市販の映像ソフト→レコーダーの高画質モード→レコーダーの長時間記録モードの順に画質は低下します。

これほど劇的に容量を圧縮できるのはどうしてなのでしょうか？

現在、映像の圧縮に使われているのは、「MPEG（Moving Picture Experts Group）」とよばれる系統の圧縮技術です。MPEGでは、映像を圧縮する際に、何枚かの画像をまとめてひとかたまりとして扱います。このかたまりを「GOP（Group Of Picture）」と言います。

個々のGOPの中で、先頭にいる画像とそれ以外の画像とを比較して、「映像内で大きく動いている部分」を検出します。GOPの先頭画像はそのまま記録し、残りの画像は映像全体ではなく、各映像ごとの「映像が動いた方向」（動きベクトル）を記録します。

たとえばアナウンサーが、スタジオセットの背景の前でニュースを読んでいる映像であれば、背景はほとんど動くことなく、アナウンサーや字幕スーパーだけが動いていることになります。この映像の場合、極端に言えば、それら動いているところの情報だけに絞ることができ、高画質を保ったまま容量を劇的に下げられるわけです（図2－10）。

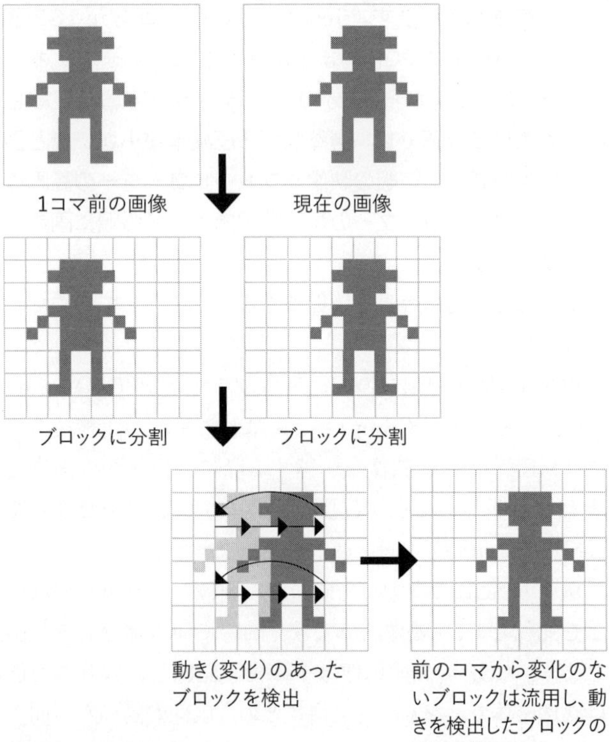

図2-10　MPEGのしくみ

現在の多くの家庭用映像機器では、GOPは15フレーム分（約0.5秒）に設定されているので、「映像を0.5秒単位でまとめて圧縮している」と考えていいでしょう。

シーンごとに最適な圧縮法を選択

高画質を保った圧縮処理実現のために、シーン検出技術はどう活用されているのでしょうか？　2つのポイントがあります。

1つめは、各シーンに対する最適な情報量を配分することです。1秒あたりの情報量（ビットレート）を変化させることから「可変ビットレート制御」とよばれる技術で、DVDやブルーレイの記録に用いられている圧縮方法です。

1つの番組を記録する総情報量は、記録モードによって決まります。たとえば高画質モードであれば、多くの情報量を与えて画質の劣化を抑えて記録し、長時間記録モードでは少ない情報量でより長く記録することを優先します。

可変ビットレート制御では、録画モードの選択によって決まった番組の総情報量を、検出したシーンの特徴に応じて適切に分配して記録します。動きの大きなシーンや微細な絵柄を多く含むシーンには情報量を多く配分し、逆に動きの少ないシーンや平坦な絵柄が多いシーンには情報量を少なく配分することで、総情報量の範囲内で平均的な画質バランスをとりながら効率的な圧縮処理を行うのです（図2－11）。

2つめのポイントとして、検出したシーンによって圧縮

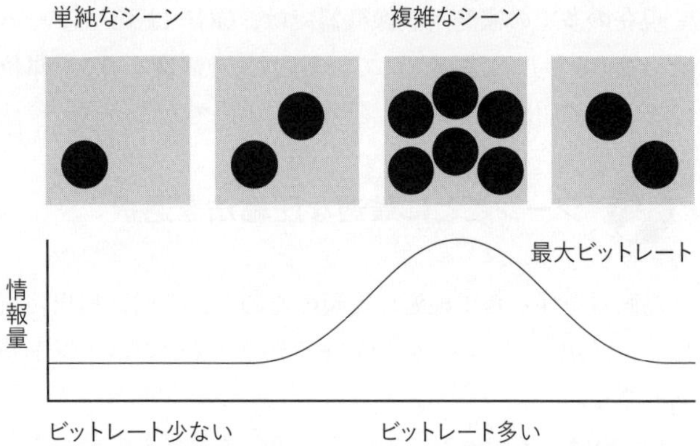

図2-11　可変ビットレート制御のしくみ　シーンの内容が大きく、複雑に変化する場所では圧縮ノイズが発生しやすいため、ビットレートを多く割り振る。

方法をこまやかに変えることで高画質な圧縮処理を実現しています。たとえば、動きの大きいスポーツなどのシーンでは、動きによって生じやすいノイズを低減する処理を強めに行い、逆に動きの少ない風景シーンでは、つぶれてしまいがちな細部のディテールを再現することで精細感が損なわれないような処理を施すなど、シーンに合わせた適切な圧縮処理を適用することで、長時間記録モードでも高精細でノイズの少ない映像を実現しています。

「同面積の情報密度を上げる」歴史

前述のとおり、現在のレコーダーでは、映像の記録にまずハードディスクが使われます。しかし、ハードディスクはあくまで一時記録用であり、いったん故障してしまうと、記録していた映像はすべて失われてしまいます。思い入れのある映像を確実に保存するには、ダビング用のディスクを用意する必要があります。

現在、そうした用途に使われているのが「記録型DVD」「記録型ブルーレイディスク」です。ハイビジョンが一般的になったことで、記録メディアも容量の少ないDVDからブルーレイへと移行が進んでいます。

DVDとブルーレイディスクは、CDとともに「光ディスク」とよばれます。いずれも、レーザー光線をディスクに当てて、反射光の強弱からデジタル信号を読み取るしくみです。光ディスクを光にかざすと、虹色にきらめきます。光の反射の強弱が干渉し合い、虹色の縞模様を生み出すために生じる現象です。

CD→DVD→ブルーレイの順に記録容量が大きくなりますが、ディスクのサイズはどれも同じです。つまり、「同じ面積の中に、どれだけ多くの情報を詰めることができるか」に挑戦してきた歴史が、新たなディスクを生んできたのです。

Trivia

CDでは、きわめて細かなくぼみ（ピット）の有無で情報を記録していますが、規格上最も小さいピットサイズは長さ0.83μmです。DVDではこれが0.4μmに、ブルーレイでは0.15μmになっています。ちなみに、指紋の線幅が約0.1mm（100μm）ですから、比べものにならないほどピットは微細です（図2−12）。

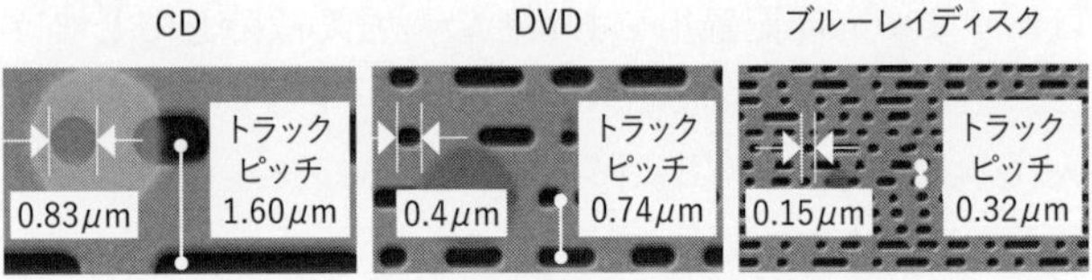

図2-12　光ディスクの記録に使われるピット

これだけ繊細なくぼみから情報を読み取っているわけですから、汚れや傷に起因する「読み取りエラー」を完全に防ぐことはできません。そのほとんどは、エラー訂正技術によって補正できるとはいうものの、指紋や指の脂などで曇っていたら拭き取って使う必要があります。

Trivia

ちなみに、ブルーレイディスクの場合、読み取るためのレーザー光の波長は405nm（0.405 μm）で、レーザー光がディスクに当たったときの直径（スポット）は0.5 μmとなっています。この波長領域は、CDやDVDに使われている赤色レーザーでなく、青紫色のレーザーに該当します。「ブルーレイ」ディスクと名づけられているのは、青色レーザーを使って読み取るためです。

ブルーレイに施された“構造改革”

読み取りドライブの内部で高速回転する光ディスクにレーザー光が当てられて、反射光が読み取られますが、この「高速回転」というのが曲者です。

実は、個々の光ディスクは完全に平らな「板」状にはなっていません。厚みが均一でなかったり、重心がいくらか中心からズレていたりするために、ごくわずかではあるものの、「ブレ」ながら回転することが避けられないのです。特に、安価で粗悪なディスクの場合には、ブレ幅はより大きくなる傾向にあります。回転の制御や、読み込みヘッドの角度調整でカバーできる部分もありますが、ブルーレイディスクのように微細な記録をする場合には制御できる範囲に限界があります。

この問題を解消するため、実はブルーレイディスクでは、従来の光ディスクとは構造を変えています。

CDの構造は、記録面の上に1.2mmのポリカーボネート樹脂（基板）が重ねられており、基板の上からレーザー光を当てています。DVDでは基板が0.6mmと半分の薄さになり、ディスクの中心に記録層が配置されるようになりました。これらに対し、ブルーレイディスクではカバー層が0.1mmと非常に薄くなっています（図2-13）。厚いカバー層だと、光が透過する際にディスクの傾きや反りによる影響を受けやすいのですが、カバー層が薄いと、そのぶん影響が小さくなります。

反面、「記録層をカバーする層」がきわめて薄くなるために、通常のポリカーボネート樹脂を使ったのでは、キズに対する耐久力が低下します。そもそも、DVDやCDもキズには弱く、ティッシュペーパーで強く拭くだけで傷んでしまうほどです。

ブルーレイディスクでは、カバー層に「ハードコート」とよばれる、きわめて硬い樹脂素材を使うよう変更されま

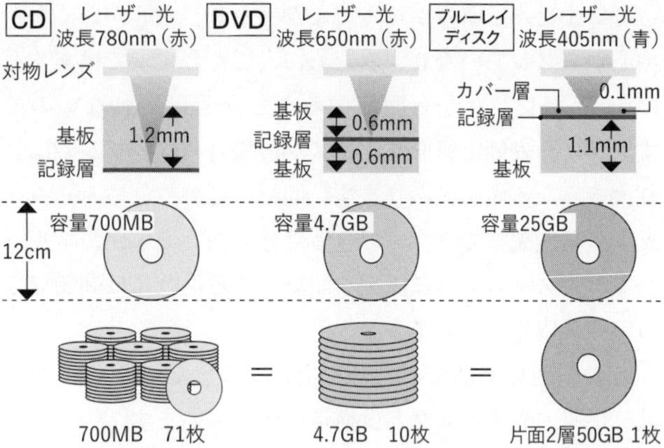

図2-13　ブルーレイディスクと他の光ディスクの比較　構造は大きく異なるが（上）、形とサイズは共通している（中）。大容量化でCD71枚分をたった1枚に記録できる（下）。

した。ハードコートは、そもそも油脂やホコリが付着しにくい性質である上に、ティッシュペーパーや布で軽く拭く程度であれば、まったくキズがつきません。このおかげで、ブルーレイディスクは非常に微細な情報を記録したメディアであるにもかかわらず、そのことを意識せずに使用することができます。

Trivia

「記録型ディスク」には、もう１つ秘密があります。

市販される記録ずみディスクは、ピットを「凹凸」で記録しているのですが、記録型ディスクは違います。記録型ブルーレイディスクの場合、「色素」や「金属の相変化」で記録しているのです。

一度だけ書き込める「BD-R」の場合、ディスク面に特殊な色素が塗布されており、記録時にはそこにレーザー光を当てて「変形」させることで、反射光の強弱を生み出します。安価な素材で作製できるメリットがある一方、色素を変形させるというしくみ上、同じ場所に情報を「上書き」することはできません。

何度も書き換えができる「BD-RE」の場合には、特殊な金属に強いレーザー光を当てて、金属結晶がアモルファス（非晶質）化する際に光の反射率が変わることを利用して記録します。レーザー光を当てる時間によって結晶とアモルファスの間を行き来できるので、再利用が可能なのです。

これらの方式には、ピットを凹凸で記録する場合と比較して、どうしても光の反射率の差が小さくなる欠点があります。また、大容量のブルーレイディスクである「多層ブルーレイディスク」では、記録面が2層から4層存在し、読み取り用レーザーの焦点を合わせる位置を変えることで、各層の情報を読み取っています。この場合、上側の層を「素通り」させて光を当てる関係上、反射率はさらに低下します。

また、2016年から本格的な販売がスタートする、4K映像を記録したディスクである「Ultra HD Blu-ray」では、2K時代よりも大容量になった映像データを、最大で3層式のディスクに記録するようになっています。

このような微細な反射率の変化をも正確に読み取ることができる制御技術と信号処理技術があって初めて、多彩なハイビジョン映像を自由に楽しむことができるのです。

08

デジタルカメラ／ビデオカメラ

動画と静止画が交互に技術革新を生む

2001年／1981年　>>>>>　2015年

カメラといえば、「デジタルカメラ」を指す時代になりました。19世紀に発明され、20世紀を席巻した「フィルムカメラ」は今や、愛好家のための特別な嗜好品へと立場を変え、日常生活のあらゆる場所で、デジタルデータとして写真を記録する“デジカメ”があたりまえの存在になっています。

デジタルカメラについて知るには、カメラの歴史を知るのがいちばんです。その前提として、ごく基本的なカメラの構造を確認しておきましょう。

現在のカメラは、レンズを通して光を採り入れ、それを「撮像」して記録する構造になっています（図2-14）。デジタルカメラの登場以前は、撮像部に、光に当たると物理的な性質が変わる物質（感光剤）を置くことで画像を記録していました。

かつてカメラの代名詞であった「フィルム式カメラ」は、感光剤を塗布したフィルムを使っていたことから、この名でよばれていました。感光剤として「ハロゲン化銀」（臭化銀、塩化銀、ヨウ化銀など）が使われたことから、フィルム式カメラで撮影した写真を「銀塩写真」とよぶこともあります。

デジタルカメラの撮像では、感光剤は使われません。代わりに、受け取った光の量を記録する「イメージセンサー」が配置されています（図2－15）。

イメージセンサーが受け取った光の量はデータに変換され、メモリーカードに蓄積されます。機械的なしくみなど、細部の相違は多々あるものの、「光を受け取って記録

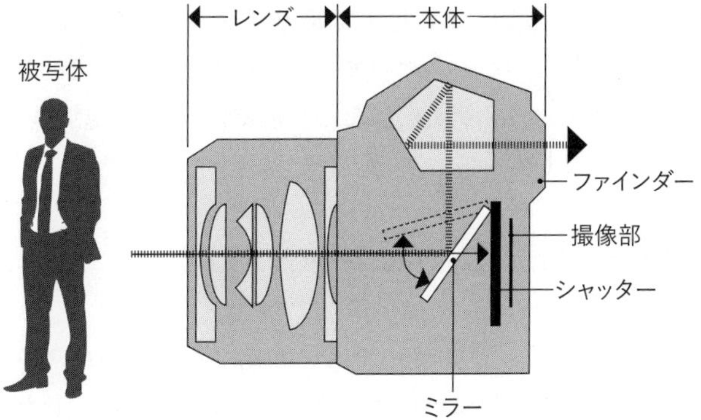

図2-14　カメラで撮影できるしくみ　一眼レフの構造図。撮影時には、シャッターが開くと同時にミラーが跳ね上がり、被写体の映像が撮像部に届く。撮像部には、フィルムカメラではフィルムが、デジタルカメラではイメージセンサーが配置される。

図2-15　イメージセンサーはデジカメの「目」

する」点では、主たる構造はフィルム式時代と変わっていません。

実はデジタルカメラは、写真機としての進化の途上で必然的に生まれてきたわけではありません。デジカメがなぜ、誕生したのか？　そのカギを握るカメラの歴史、なかでも「ビデオカメラ」がはたした役割について、見ていくことにしましょう。

35mmフィルムの源流とは?

19世紀のカメラのフィルムを感光する際に使われていたのは、ガラス板にハロゲン化銀を塗布したものでした。やがて、より取り扱いが簡便なものとしてフィルムに塗布したものが登場します。

「写真用フィルム」の代表格である、小さな金属製のケースに収められた「35mm フィルム」は、1910 年代に登場し、1934 年に現在の形となりました。名称は、フィルムの幅が 35mm であることに由来します（図 2－16）。

実はこの 35mm フィルムの形はもともと、“静止画”のためのものではありませんでした。映画撮影用の「70mm フィルム」から派生したものなのです。つまり、イメージとは逆に、動画→静止画の順に技術が発展してきたというわけです。

「動画」とは、人間の目の残像を活かすことで、多数の写真を素早く切り換え、撮影した静止像が「動いて見える」ようにしたものです。パラパラ漫画よろしく、たくさんの写真（静止画）を用意して、パラパラと切り換えていけば動画になります。

19 世紀に写真の技術が広まるのと同時に、すぐに動画も誕生しました。当初は、写真の感光に長い時間が必要だったため、動画専用のカメラは作れませんでしたが、感光

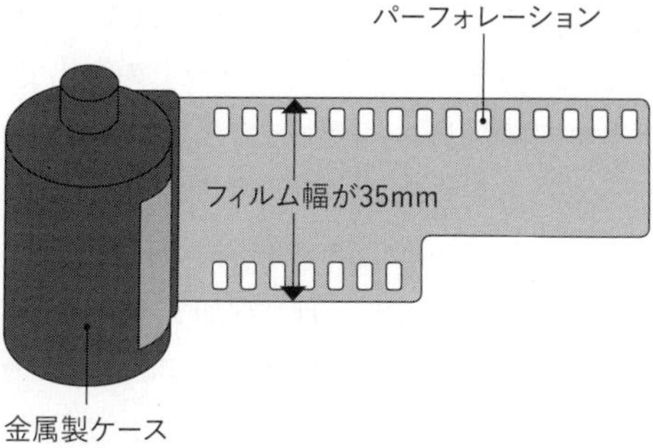

図2-16　写真用フィルムの代名詞「35mm フィルム」

が数十分の1秒以下で終えられるようになると、感光するフィルムのコマを自動で送り、順々に撮影する「映画用カメラ」が登場します。

この「自動送り」のためにフィルムをひっかける穴(パーフォレーション)が、写真用フィルムにもあけられている穴の原点です(図2-16参照)。写真を撮るたびに1コマずつ巻き取っていくしくみは、動画のみならず、気軽に静止画を撮る際にも有効だったため、金属製のケースに35mmフィルムを入れた「135フィルム」が規格化され、普及していきました。カメラの発展史において、静止画と動画はきわめて近い兄弟なのです。

デジタルは動画が先行

デジタルカメラの誕生にも、切っても切れない静止画と動画の関係が一役買っています。

フィルムに撮像する代わりに、「電気の信号」として映像を記録する試みは、実は静止画からではなく、動画から始まりました。つまり、「ビデオカメラ」の登場です。

ビデオカメラの開発は、テレビの存在を抜きには語れません。テレビの登場以前は、映像は基本的にフィルムに残すものでした。フィルムには現像時間が必要であるため、生放送には間に合いません。日々増加する一方の放送ニーズを満たすには、「フィルムを介さずに記録する方法」が必要不可欠だったのです。

はじめに登場したのが、業務用のビデオカメラです。

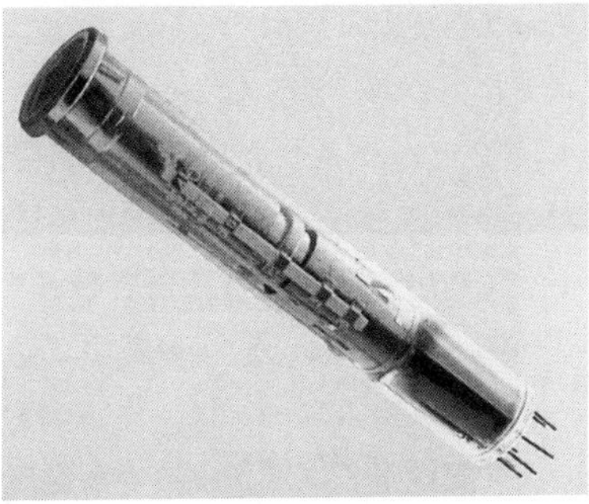

図2-17　撮像管

1927年の誕生後、50年以上にわたって、ビデオカメラでは「撮像管」という部品が使われてきました。物質に光が当たると表面から電子が放出される「光電効果」を利用して、受光部を真空のガラス管の中に入れたものです（図2-17）。

Trivia

撮像管が受け取れる光の解像度は決して高くなく、それをアナログ情報のまま記録していたため、ぼやけやにじみのある映像になりがちでした。アナログ時代のテレビ放送がもつ情報量はさほど多くなかったので使用に耐えましたが、フィルムで撮影された映像との差はどうにも埋めがたく、「写真と映画はフィルム、ビデオはテレビのもの」と揶揄《やゆ》される時代が長くつづきました。

ビデオカメラの価値が大きく向上したのは、家庭用の小型機が普及しはじめてからです。日本では「ビデオカメラ」の名称が定着していますが、アメリカなどでは特に、カメラと記録部（当時の主流はテープ）が1つになった製品を「カムコーダ」とよびました。

1980年にビクターが小型カムコーダの開発に成功すると、家庭用カムコーダとして1980年代前半に続々と商品化が進み、小型化競争の幕が切って落とされました。図2－18に示すように、「一家に一台」の勢いで急速に普及していきます。最初期のカムコーダは、当時のテレビ規格に合わせたアナログ記録タイプで、画質も解像度も決してよくはありませんでした。

しかし、誰もが手軽に、大切な思い出を「動画で残せる」インパクトは大きく、ビデオカメラは一気に、オーデ

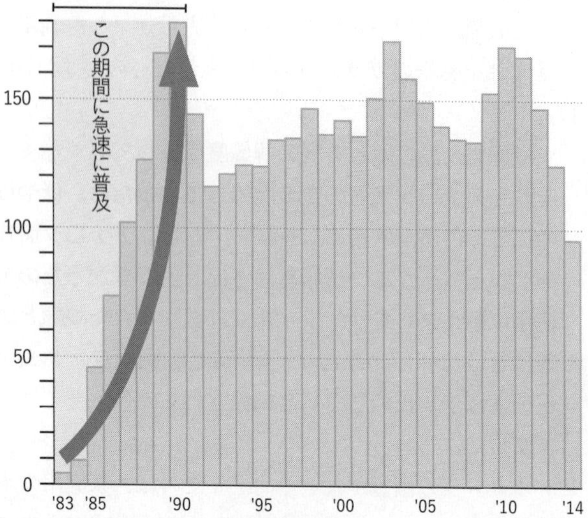

図2-18　家庭用ビデオカメラの普及の推移（単位：万台）　1997年以降は、デジタルビデオが主流を占めている。

ィオ・ビジュアル分野の人気家電としての地位を確立していくことになります。

その「デジカメ」は動画用？　静止画用？

ビデオカメラの小型化に大きな役割をはたしたのが、「半導体によるイメージセンサー」の登場です。ガラスを使った撮像管はサイズも大きく高価ですが、半導体はきわめて小さく、大量に作るほど安価になるメリットもありました。

半導体の利用が始まったことで、小型化と低価格化、そして高画質化が同時に進行していくことになりました。イメージセンサーの進化による画質向上と小型化・低価格化は、30年が経過した今も、猛烈な勢いで進んでいます。

イメージセンサーの変化によるビデオカメラの進化は、ある時点から別の側面を見せ始めます。「写真」がフィルムの独擅場《どくせんじょう》でありつづけていたのは、解像度と色の再現性が高かったためです。しかし、イメージセンサーの進歩につれて、1フレームの解像度よりも毎秒60コマの映像を記録する「動画向き」の特質を重視した開発が行われてきたイメージセンサーの設計に変更を加える形で、「静止画向き」の製品を考案するメーカーが出始めました。1980年代終盤のことです。

初期には解像度が低く、フィルム写真とは品質的にかけ離れた映像しか撮影できませんでしたが、この差はいずれ確実に縮まると誰もが理解していました。

アナログ記録であったビデオカメラはやがて、まずテープへの記録方式からデジタル化されていきます。1994年に「DV」規格が策定されると、家庭用ビデオの主流であったVHSを、画質とテープサイズの両面であっという間に凌駕してしまいました。これらの技術を静止画用に使えば、確実に「静止画をきれいに撮影するカメラ」ができるはずなのです。

1980年代終盤から1995年にかけて、複数のメーカーが「デジタル記録方式の静止画用カメラ」を開発・商品化しました。当時はまだ高価であり、一般向けとは言いがたい製品でしたが、1995年にカシオが「QV-10」を発売し、6万5000円という価格帯でカジュアルに使えるデジタルカメラを世に送り出すと、多くのメーカーがこの路線に追随しました。

これを画期に、現在ではプロ向けも個人ユースも、ほぼすべてのカメラがデジタル方式に置き換わっています。イメージセンサーと、そこから得られる信号を処理する技術が、“カメラの常識”を完全に変えてしまったのです。

やがて、映像処理能力の向上は、ビデオカメラの存在そのものを変質させていくことになります。

今、デジカメというとき、みなさんは「動画撮影用」を思い浮かべるでしょうか？　それとも、「静止画撮影用」でしょうか？　案外答えに窮する質問ではありませんか？

初期のイメージセンサーは、動画向けと静止画向けとで特質が大きく異なっていました。その後の処理過程にも当然、違いがありました。このことが理由で、ビデオカメラと静止画用のデジタルカメラは“別製品”として共存していたのですが、現在のカメラ市場では、両者の境界はきわめて曖昧なものになっています。

静止画中心で使うデジタルカメラにも必ず動画撮影機能がついていますし、一方、ビデオカメラの側にも静止画撮影機能が備わっています。これ以降、特に断りのないかぎり、どちらも「デジタルカメラ」として解説していきます。

光をデータに変える「イメージセンサー」のしくみ

カメラの進化史を概観したところで、現在のデジタルカメラがどのようにして映像をデジタル化し、記録しているのか、そのしくみを探っていくことにしましょう。

レンズから光を受け取り、イメージセンサーでデータ化する、という基本的なしくみは、どのカメラも変わりません。しかし、イメージセンサーより「前」の機構は、カメラの種類によってずいぶん違います。

理解しやすくするために、まず、イメージセンサーより「後ろ」の機構について学んでおきましょう。イメージセンサーは、受け取った光を、その量に応じた電気信号に変える装置です。2000年代前半までは、おもに「CCD（電荷結合素子）イメージセンサー」というデバイスが使われていましたが、現在は「CMOSイメージセンサー」が主流になっています。

CMOSは半導体の構造を示す用語で、必ずしもイメージセンサー専用というわけではありません。CPUやメモリーなど、半導体に用いられる一般的な構造です。他の半導体を作る技術・設備の流用が可能で、量産による低価格化と技術向上に有利であることから、急速に普及しました。

イメージセンサーは、光を受け止める「フォトダイオード（PD）」を大量に敷き詰めたような構造をしています（図2-19）。カタログなどにある「○○万画素」という表記は、敷き詰められたPDの数を表しており、この数値が大きいほど解像度が高くなります。

現在のイメージセンサーは、光の強さは感知できるものの、「色」は感知できません。そこで、どのPDがどの色を担当するかを決めておき、各担当からの情報を合成することで最終的な映像を作ります。

光は「赤」「青」「緑」の三原色でできているので、PDもまた、この三原色で担当を割り振っています。ただし、赤・青・緑を担当するPDの数は、同数にはなっていません。人間の目が特に緑への感度が高いことに対応するため、他の2色より緑の量を多くするケースが多くなっています。最も広く使われているのは、赤と青に対して緑の量を倍にする「ベイヤー配列」とよばれる並べ方です（図2-20）。

ところで、ビデオカメラの場合には、ベイヤー配列を使わずに、「赤用」「青用」「緑用」と、3枚のイメージセンサーを用意する場合があります。レンズから入った光をプリズムで分光し、各センサーにそれぞれが担当する色の光

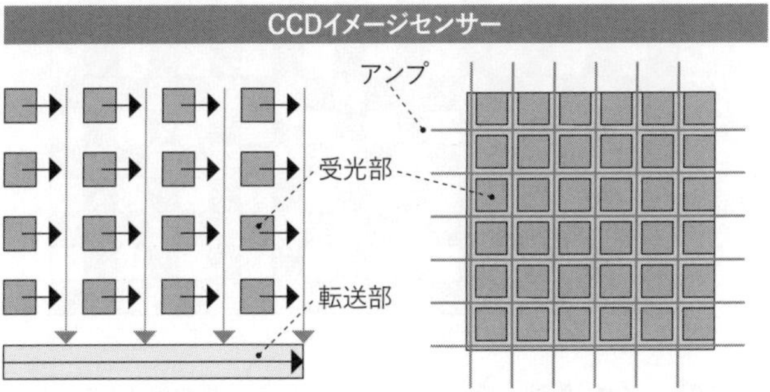

CCDイメージセンサーは、電極に順に電圧をかけてリレー式に電荷を転送し、最後に増幅。

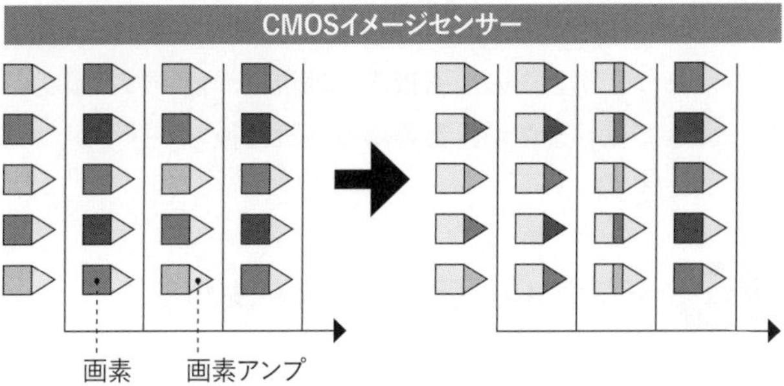

CMOSイメージセンサーは、各画素が1つのフォトダイオードとCMOSトランジスタを使ったスイッチで構成され、1画素ごとに信号を増幅。さらに格子状に並んだ各フォトダイオードにスイッチを取りつけた構造になっており、このスイッチを次々に切り換えて1画素ごとに直接読み出しを行い、高速転送を実現。

図2-19　イメージセンサーの構造（CCDとの比較図）

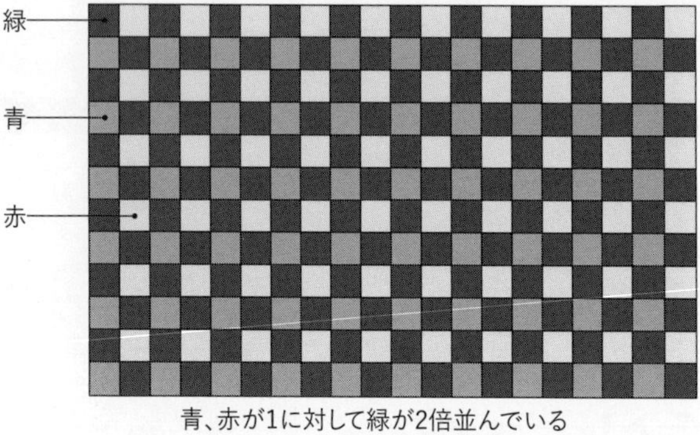
緑
青
赤
青、赤が1に対して緑が2倍並んでいる

図2-20　ベイヤー配列　緑を担当する素子が、赤・青の倍並んでいる。

だけを導くしくみです。個々のセンサーの解像度を高める必要がないことに加え、色の分解能を向上させられるメリットがあります。この「三板式」は現在、使われる頻度が減ってきてはいますが、業務用や高級機種での採用がつづいています。

デジカメの「画質」は何が決める?

イメージセンサーから得た電気信号は、信号処理用のLSIを介して「デジタルデータ」に変換されます。このとき、色調補正やノイズ低減も同時に行われ、より美しい画像になるよう工夫されています。

「デジカメの画質」は、イメージセンサーの能力に加え、この信号処理用LSIの能力で決まるといっても過言ではありません。特に、高性能な専用LSIを搭載する余力のあるデジタルカメラは、スマートフォンに比べ質の高い映像を得やすくなっています。

Trivia

デジタルカメラを製造するメーカーの多くは、LSIによる信号処理能力の向上に自社のもつノウハウをつぎ込み、高画質なデジカメの開発にしのぎを削っています。高品質なイメージセンサーを製造できるメーカーは限られており、多くのメーカーが同じパーツを使っているのが実情です。

メーカーごとの画質や使い勝手に差が生じるのは、各社がもつ画像処理LSIによる部分が大きいといっていいでしょう。特に現在は、ビデオカメラとデジタルカメラで画像処理LSIを統合し、開発と生産の効率を上げるアプローチが一般化しています。

今後のデジタルカメラのあり方を左右する要素として、スマートフォンの存在が大きなウエイトを占めるようになってきています。スマートフォンは本来、カメラとして作られた製品ではありませんが、「つねに持ち歩く携帯性」と「通信機能を利用した写真の送受信の利便性」の高さから、“日常の目”として使われることが増えました。

イメージセンサーの高性能化によって、スマートフォンのように小さな機器でも、コンパクトなデジタルカメラと比べても遜色のない写真が撮影可能になっています。本格的なデジタルカメラとは異なり、画像処理LSIに頼る部分がより少なく、スマートフォン搭載のCPUでソフト的に処理する部分が多いという違いがありますが、ユーザーがそれを意識することはありません。

デジカメの“命”はレンズ設計にあり

さらに詳しく、デジカメの画質を決める要素について見ていきましょう。

大きな役割をはたすのは、イメージセンサーの解像度です。数字が多いほど精細度が高いため、高画質という印象を受けますが、実はそれだけでは決まりません。前述のセンサーの「後ろ」で行われる画像処理技術はもちろん、センサーの「前」で仕事をする「光学系」が非常に重要になります。

光学系とは、レンズやプリズムなどの組み合わせによって、イメージセンサーに光を導く機構のことを指します。より多くの光を、より忠実に取り込むことができれば、それだけ画質は向上します。

光学系を設計する場合に、きわめて重要なウエイトを占める要素が1つあります。イメージセンサーの「サイズ」です。

イメージセンサーのサイズが大きいほど、1つのPDのサイズも大きくなります。個々のPDが受け取る光の量が多くなることで、より明るく、より忠実な撮影が可能になることを考えれば、イメージセンサーを大きくすることが画質向上への近道です。

しかし、話はそう単純ではありません。巨大なセンサーを搭載するには、機器の側にそれだけ大きなスペースが必要です。同時に、センサーに光を導くレンズの側にも、大きく重いものであることが要求されます。

サイズが巨大になることで、コストが上がる問題もあります。同じサイズの半導体の板（ウエハー）を切って作られるLSIは、個々のサイズが小さいほど、よりたくさんのLSIを一度に生産でき、コストを下げられる特性があります。

デジタルカメラに使われるイメージセンサーのサイズには、幅広いバリエーションがあり、「35mmフルサイズセンサー」とよばれる大型のものは、35mmフィルム（24mm×36mm）とほぼ同じ面積をもっています。プロ用機器向けには、さらに大きいものが用意されています。

一方、スマートフォンに使われるイメージセンサーの面積は4mm角にも満たず、35mmフルサイズセンサーの2%弱の面積しかありません。いくら画素数が多くても、採り入れる光の量が少なくなると、暗部や色の再現性が悪くなります。小さくて安価であることを目指す製品と、より高い画質を狙う製品とでは、おのずと作りが異なってくるのです。

そして、やはりカメラにとっては、レンズ設計がなにより重要です。現在のレンズには、高倍率のズームができることに加え、光学式手ブレ補正機能も必要になっています。コンパクトなデジカメにも、「5群6枚」程度のレンズが使われていますし、レンズ交換型カメラ用のズームレンズでは、「13群18枚」といった複雑な構成のものもあります（図2－21）。

特に、小さなボディに高倍率のズームを組み込む場合に

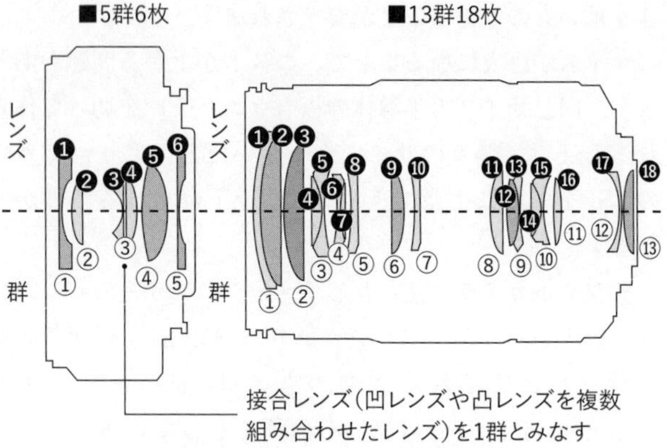
■5群6枚
■13群18枚
レンズ
群
レンズ
群
接合レンズ(凹レンズや凸レンズを複数組み合わせたレンズ)を1群とみなす

図2-21　複雑なレンズ構成の例

は、光の経路が大きくゆがみやすく、周辺部が暗くなったり、色が変わったりしやすくなります。それを防ぐためには、光の経路がどうなるかを綿密にシミュレーションし、どのような素材でどのようなレンズを作るかという工夫が欠かせません。多数のレンズの組み合わせで光の表現を組み立てることが、カメラ作りにおける最重要ノウハウでもあります。

「手ブレ防止」のしくみとは?

写真や動画を確実に撮影するための補助機能として日本で開発され、着実に進歩を重ねてきたものに「手ブレ補正機能」があります。カメラをしっかり構えることができないと、撮影時の「機器のブレ」が、そのまま動画や写真に記録されてしまいます。ブレた写真は見づらいものですが、動画ではさらに視聴しにくくなります。

手ブレ補正機能は1988年、パナソニックが家庭用ビデオカメラ「PV-460」に搭載したことで普及が始まりました。今やどのカメラにもついている一般的な機能ですが、その技術の核は、パナソニックの開発によるものです。

手ブレ補正機能の基本は、「ブレた方向」を感知し、撮影する映像の軸を補正することです。その実現法には、基本的に2種類あります。

1つめは「電子式」です。イメージセンサーによって撮像された映像を解析すると、映像全体が「コマごとにどう動くか」を知ることができます。その動きを確認した上で、動きに合わせて「同じ部分だけを切り取る」作業を繰り返すと、切り取られた部分には当然同じ映像だけが残るため、見た目上ブレがなくなります（図2－22）。

電子式はソフトで対応できるため、追加のパーツが不要であり、どんな機器にも搭載しやすい利点があります。低

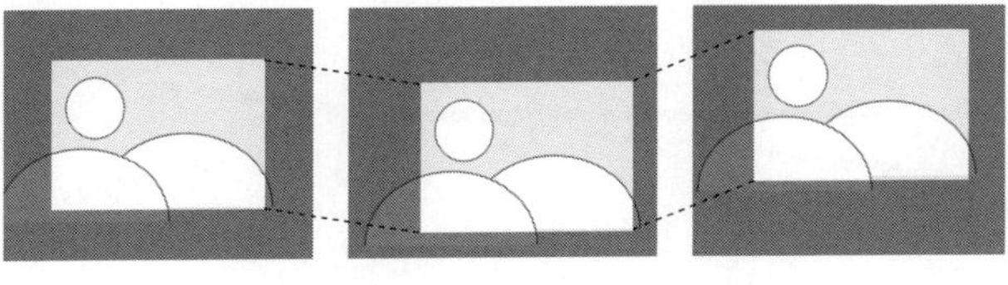

センサーの「有効領域」を手ブレした方向とは
反対に動かすことでブレをキャンセル

図2-22　電子式手ブレ補正　ブレた方向に合わせて、「センサーのどの位置を映像として使うか」をずらすことで手ブレを補正する。

価格で小型の機種やスマートフォンで使われているのが、この電子式です。

電子式の欠点は、映像の一部を切り取ってしまうために、イメージセンサーがもつ能力のすべてを活かしきれないこと。一般に、センサーの全面積の6割程度しか使えません。特に、解像度の低いセンサーを使っていた場合には、画質劣化が気になってきます。また、大きなブレの補正には向きません。

そこで登場するのが、2つめの手法である「光学式手ブレ補正」です。光学式手ブレ補正では、レンズから光が入ってくる方向（光軸）に対して上下左右に位置が動くレンズを用意しています。このレンズをブレに合わせて「能動的に動かす」ことで、レンズからセンサーまでの光軸そのものをブレとは逆方向にずらし、補正するしくみです（図2－23）。

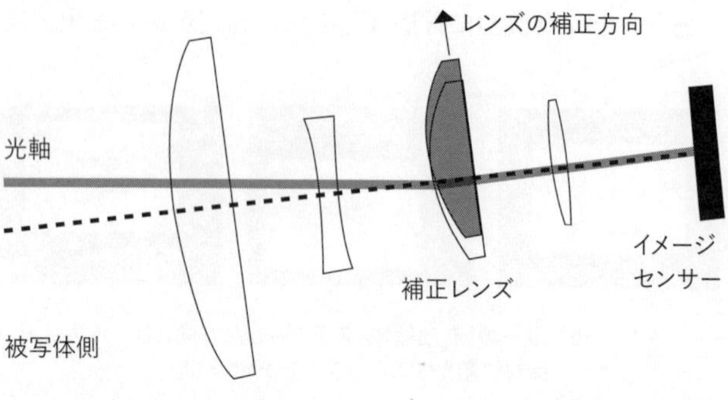

図2-23　光学式手ブレ補正　ブレの方向を検出して、それとは逆の方向に光軸が動くよう、中間の補正レンズを動かすことで手ブレを補正する。

これなら、イメージセンサーのほぼすべての面積を活用できるので、画質の劣化がかなり軽減されます。このブレの補正を、すさまじく早い速度でレンズを動かしつづけて実現するのが、光学式手ブレ補正の実体です。たとえば、パナソニックが同社のレンズ交換式カメラ向けに利用している手ブレ補正機能「POWER O.I.S.」では、毎秒4000回ものブレの検知を行い、補正しています。

光学式手ブレ補正の欠点は、どうしても構造が複雑になること。光軸をずらすためのレンズは、ジャイロセンサーのデータを活かしながら、電磁モーターによって自律的に動くしくみになっています（図2－24）。

実際にレンズが動くのはごく短い距離で、多くの場合

図2-24　補正レンズを駆動するモジュール　ジャイロセンサーのデータからレンズの移動量を計算して、電気的に動かすしくみになっている。

1mm にもおよびません。それでも、素早く補正する必要があるために、レンズを含めた可動部には、十分に軽いことが求められます。

光学式手ブレ補正は、デジタルカメラやビデオカメラでは搭載されている機種が多いのですが、スマートフォンでは、高級機種において超小型のレンズユニットと組み合わせることで搭載する機種がようやく増えてきたところです。それも、メインのカメラ（バックカメラ）のみの搭載であることが多く、自撮り用のカメラ（フロントカメラ）にまではまだ広がっていないのが実情です。

手ブレ補正のように「撮影の難しさ」をカバーする機能が一般化することで、カメラの撮影はどんどん手軽でハードルの低いものになってきています。

「一眼レフ」とコンパクトカメラの関係

画質重視のカメラの代名詞が「一眼レフ」方式です。「レンズ交換ができるカメラ」というイメージでとらえている人が多いと思いますが、実際には異なります。「レフ」はレフレックスの略で、「反射」を意味しています。

一眼レフ方式のカメラは、レンズから入った光を反射板を経由して「光学ファインダー」に導くのが特徴で、フィルムカメラの時代からつづく機構です。レンズが捉えた映像がそのまま撮影者の目に届くため、作画意図により近い写真を撮影することができます。

現在のデジタルカメラは通常、本体後部に内蔵された液晶ディスプレイに表示される映像を見ながら撮影します。技術の進歩によって多くの人が満足できる品質になっていますが、それでも、精細さと見やすさの点から光学ファインダーを好む人は多くいます。プロの写真家が一眼レフを用いるのは、その点における信頼性を評価してのことです。

一方、一眼レフ方式には、デジタルカメラとして見た場合の弱みもあります。イメージセンサーに光を当てて「撮影」するためには、本体内部の反射板を跳ね上げなければなりません。そのぶん機構は複雑になり、巨大化します。また、動画撮影をする場合には、反射板を跳ね上げた状態に保持する必要が生じます。

大きなセンサーを使うことと、レンズ交換による撮影の自由度が生み出すメリットを享受しつつ、よりコンパクトなカメラを作るために誕生したのが「ミラーレス一眼」です。一眼レフと同様にレンズ交換式でありながら、反射板＝ミラーをもっていません。そのぶん内部構造がシンプルになり、小型・軽量化が可能です（図2－25）。

スマートフォンのカメラ機能が高画質になってきたため、デジタルカメラとしての差別化を目指して、スマートフォンのサイズでは難しい「大型センサー」を搭載する製品が増えてきました。

他方、スマートフォン側からのアプローチもあります。パナソニックの「LUMIX DMC-CM1」（図2－26）は、スマートフォンとしての機能をもちながら、大型センサーを内蔵した本格的なデジカメとしての機能も備えています。

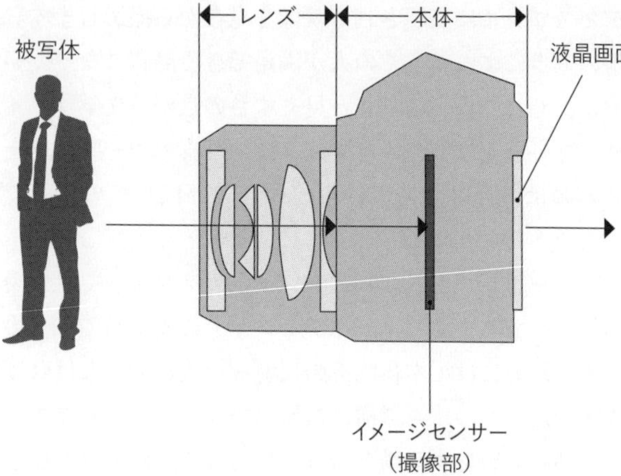

図2-25　ミラーレス一眼カメラのしくみ

図2-26　大型センサーを内蔵した本格的なデジカメでありながら、スマートフォンとしての機能をあわせもつ「LUMIX DMC-CM1」

スマートフォンとしては大柄ですが、通信機能が使えることで、ソーシャルメディアなどとの連携がとりやすいメリットがあります。

今後は、カメラとして求められる高画質を維持できる範囲での「小型化」と、「通信機能」との両立が、デジタルカメラ開発の主要テーマになっていくでしょう。

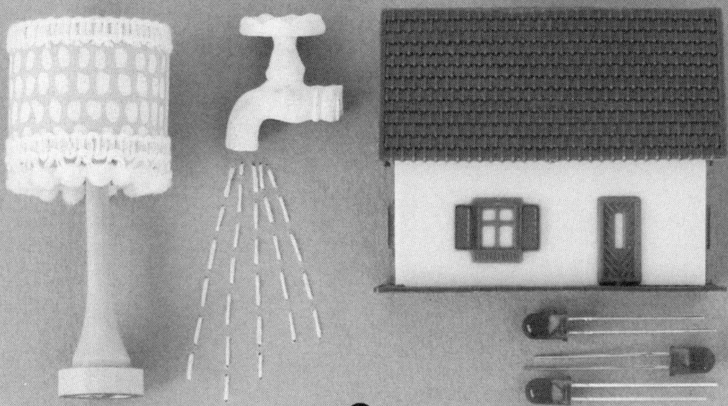

第3章
生活を快適にする家電

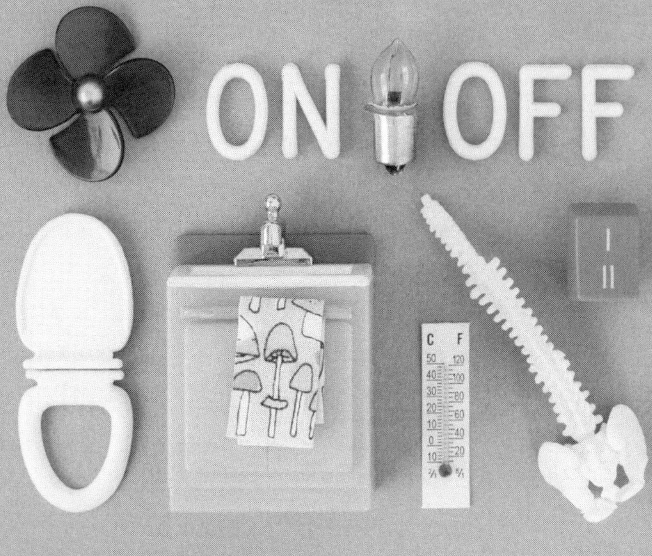

09

エアコン

超高度な制御技術を装備した最先端家電

エアコンとクーラーの違い、知っていますか？

家庭内には「それがないと生活環境が劇的に変わる」家電が少なくありませんが、その筆頭は「エアコン」でしょう。正式名称は「エア・コンディショナー」、すなわち空気調和設備（空調）ですが、もはやエアコン以外の名前でよぶ人は少数派です。

エアコンは、空気の温度や湿度を調整する機械であり、室内で快適に過ごすには必須です。特に、夏の暑さが厳しくなった現在の日本では、かつて以上に使用頻度が増しています。

2000 年代には国内で年間 700 万台が販売されていまし

たが、2010年代以降は、猛暑などの影響もあって年間800万台を超えて推移しています。

Trivia

一般に、暖房と冷房の両方の機能をもつものを「エアコン」、冷房機能だけのものを「クーラー」とよぶイメージがありますが、正しい呼称ではありません。どちらもエアコンであることに変わりはなく、過去に冷房専用のものが「クーラー」とよばれていたといったほうが正確です。

実は、暖房と冷房の機能をはたすしくみそのものは、ほぼ同一です。いずれか一方に特化したほうが、小型化・低価格化の面でいくぶん有利という事情から、過去には冷房機能だけをもつ製品が多く製造されていましたが、現在は冷暖房両方の機能をもつ機種が一般的になっています。

エアコンの“命”は「ヒートポンプ」

冷暖房の機能を担うエアコンの“司令塔”は何でしょうか？

「ヒートポンプ」です。本書でも、何度も登場する家電の重要キーワードの1つで、洗濯機（27ページ参照）や冷蔵庫（30ページ参照）、エコキュート（235ページ参照）にも同じ機構が使われています。

ヒートポンプは、物質が相変化するときに起きる「吸熱現象」と「発熱現象」を応用して、温度をコントロールするしくみです。同じ機構を用いて、庫内を冷たくするのが冷蔵庫であり、お湯を作るのがエコキュート、そして室温を快適に保つのがエアコンです。

冷蔵庫の項でも述べましたが、ヒートポンプは内部に入った冷媒・熱媒をポンプで循環させ、それらが気化・液化する際に発熱現象や吸熱現象を起こすことで、温度を上げ下げします。冷蔵庫は冷やすだけ、エコキュートは温めるだけですが、エアコンは同じしくみをうまく使って、室内を冷やすことと温めることの両方に使っているのです（図3-1）。

現在のエアコンのヒートポンプでは、冷媒をより効率的にやりとりするため、「ハイブリッド型熱交換器」が使われています（図3-2）。

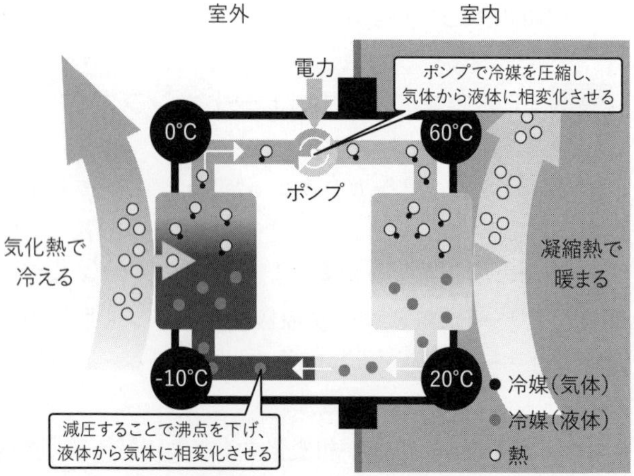

図3-1　エアコンの本質はヒートポンプ　暖房時のようすを図式化したもの。冷房時のようすは、31ページ図1-9「冷蔵庫が冷えるしくみ」参照。

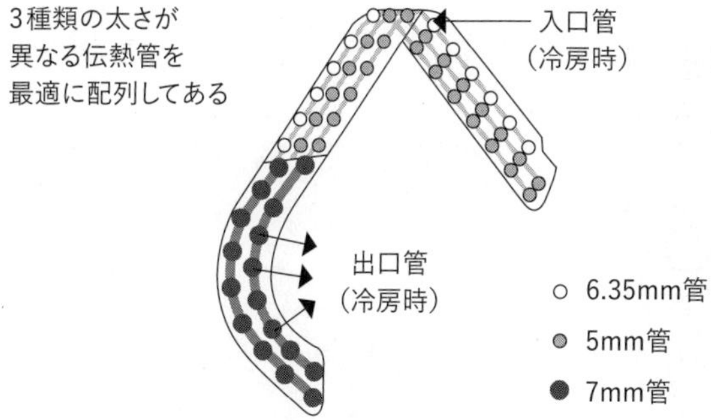

図3-2　ハイブリッド型熱交換器

2003年頃から導入されたこのしくみでは、細い管と太い管を組み合わせて使います。一般に、冷媒が液体の場合には、管が細いほうが移動効率が高く、冷媒が気化しているときは、逆に管が太いほうが高効率です。そのため、流路に応じて「太いパイプ」と「細いパイプ」を組み合わせて用いることで、冷房時／暖房時の効率を可能なかぎり高める工夫がなされています。

エアコンには、窓の横などに取りつけ、後ろ半分が室外に飛び出た「一体型」と、室内機と室外機のセットで使う「セパレート型」とがあります（図3－3)。一体型が多く売れた時期もありましたが、現在はセパレート型が主流です。

エアコンの場合は、「部屋全体の空気」が冷やし／温める対象となるため、冷蔵庫やエコキュートに比べ、より効率のよい温度変化が求められます。このため、ヒートポンプに必要なコンプレッサー（圧縮機）の規模が大きくな

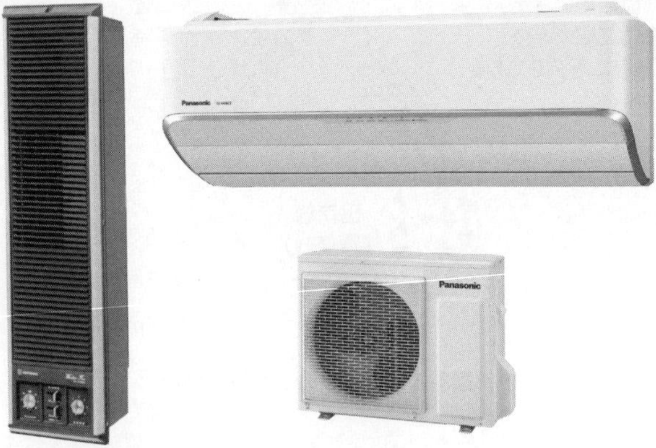

図3-3　1972年製の「一体型」(左)と現在主流の「セパレート型」(右。上が室内機、下が室外機)

り、騒音や振動がより耳につきやすくなります。ヒートポンプを室内に据えると、それらが不快に感じられるために、「室外機」として家の外に配置しているわけです。

セパレート型のエアコンでは、図3-3に示す構造の大半が室外機にあり、室内の空気を冷やし／温める部分だけが室内に割り振られています。部屋全体を効率的に温めるにはさまざまな工夫が必要であり、室内機の側はそのための機能を担っていると考えればいいでしょう。

「環境重視」で冷媒も変遷

冷蔵庫などに比べ、エアコンはよりたくさんの空気を冷やしたり熱したりしなくてはなりません。そのぶん、ヒートポンプの出力や効率も、より高いものが要求されます。

そうした背景もあって、エアコンでは長く「フロン類」が、冷媒・熱媒として使われてきました。冷蔵庫の項でも説明したように（33ページ参照）、20世紀の間は、ヒートポンプではフロン類、なかでもオゾン層に悪影響をおよぼす「特定フロン」が使われるのが一般的でした。しかし現在、特定フロンは法規制によって利用できなくなっています。

フロン類には、特定フロンの他にも多様な物質があります。当初は、塩素を含むクロロフルオロカーボン類（CFC）だけを指す言葉でしたが、やがて塩素を含まないフルオロカーボン（FC）や、水素を含むハイドロクロロフルオロカーボン（HCFC）、塩素を含まず水素を含むハイドロフルオロカーボン（HFC）などを含むものへと意味が広がっていきました。

それらの中で、現在のエアコンに多く使われているのは、オゾン層破壊の危険性がない「HFC」です。少し前まで、日本のエアコンでは「HFC410A」という冷媒が広く使われていましたが、現在の主要な製品では「HFC32（R32ともよばれる）」が使われています。

HFCはオゾン層を破壊しないものの、地球の温暖化には悪影響をおよぼします。HFC410Aは地球温暖化に与える影響が若干高かったのですが、HFC32に切り換えたことで、悪影響は3分の1にまで減少しました。まったく発火しないガスであるHFC410Aに対し、HFC32には若干の可燃性があり、その点が難点ではありますが、現在のエアコンでは危険性がないと判断し、各社が採用に踏み切っています。

省エネに効果絶大の「自動清掃機能」

現在のエアコンに求められる最重要項目の1つが「環境性能」です。なかでも、最も大きなポイントは「省エネ」です。電力消費量が少なければ、そのぶん環境への負荷が小さくなるのはもちろんのこと、電気代も下げられるメリットがあります。

Trivia

実は、家電製品の中でも、エアコンは、電気調理器や電子レンジ、大型テレビ、洗濯機と並んで、消費電力が大きな製品の1つです。特に、夏場の暑い盛りや真冬には、一日中つけっぱなしということも少なくありません。エアコンの消費電力低減は、家計の負担を軽くするだけでなく、国内全体の電力消費を下げる上でも、キーとなる要素なのです。

近年、省エネ効率向上の切り札として注目されているのが「自動清掃機能」です。パナソニック製品の場合では、「フィルターお掃除ロボット」の名称で搭載されています。文字どおり、室内機に取りつけられているフィルターを自動的に掃除し、手入れの手間を省くしくみですが、実は省エネにも大きな効果があります。パナソニックだけでも2014年までに、自動清掃機能搭載のエアコンは、累計600万台販売されており、売れ筋のエアコンにとっては必須の機能となっています。

自動清掃機能が省エネにつながるのはなぜでしょうか？

室内機は、部屋の空気をエアコン内部に取り入れてヒートポンプで適切な温度にしたのち、ふたたび室内に戻すものです（冷房時には、もう１つ機能があり、これについては後述します）。部屋の空気にはチリやホコリが含まれており、それがヒートポンプと熱交換を行う部分に付着すると、空気の流れが悪くなって、熱交換の効率が低下します。そのため、室内機の前部には、チリやホコリを排除する「フィルター」がつけられています。チリ・ホコリはフィルターでせき止められるため、フィルターを掃除することで、空気の流れは正常になり、冷暖房の効率が高まります。

しかし、こまめに室内機のフィルターをとりはずして掃除するのは、かなり面倒です。多くのメーカーが「１ヵ月に２度」の掃除を推奨していますが、みなさんは守っていらっしゃるでしょうか。なかなか難しいですよね。

そうなると、フィルターが目詰まりを起こし、風の流量が減ることになります。その結果、エアコンの効きが悪いと感じられるようになり、出力を強めにすることが増え、消費電力が大きくなってしまうのです。温度を設定して自動運転する場合でも、目的の温度に達するまでの時間が長くなり、やはり消費電力が増加します。

それを防ぐのが自動清掃機能です。自動的に清浄に保つ機能を組み込んで、フィルターの目詰まりを防ぎ、設計どおりの効率で動作させることで、エアコンの消費電力を抑制できるのです。この機能は特に暖房時に有効で、パナソニックの製品では、最大25％もムダな消費電力をカットできます。

「耳かき2杯分」のホコリを毎日お掃除

どのようなしくみで、自動清浄を実現するのでしょうか？

先述のとおり、パナソニックはこの機能を「フィルター自動お掃除ロボット」と名づけています。「掃除をするロボットが内蔵されている」と聞くと、あたかも腕を動かして中を掃除する装置が入っていると想像してしまいますが、そうではありません。フィルターの上をブラシが自動往復して汚れを掻き取り、外へ排出するしくみです（図3－4）。

エアコンのフィルターは、掃除機などで吸い取ったり水洗いしたりしないと、なかなかきれいにはなりません。自動清掃機能も、さぞ丹念に力を込めて掃除をするのだろうと想像しがちですが、実はそうでもないのです。一般に、少しフィルターをこすったり揺らしたりしてホコリを払う程度で、消費する電力もごくわずかです。非常に静かに行われるため、音が気になることもありません。

フィルター自動掃除機能は一般的に、エアコンの電源が切れるときなどに自動ではたらきます。それも、毎日です。

汚れがまだ少ない段階であれば、付着しているホコリの量はさほど多くありません。パナソニック製品の場合で

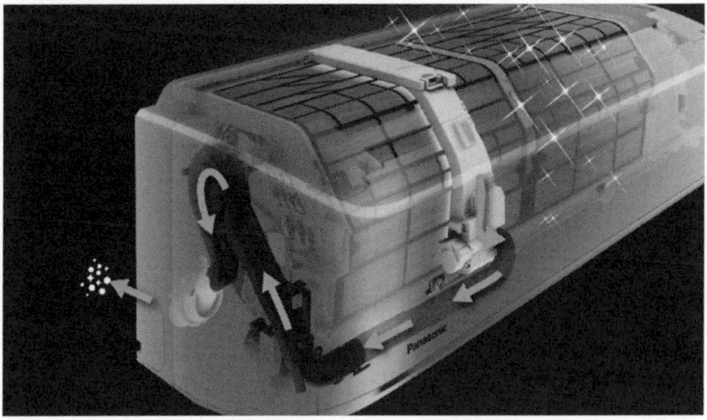

図3-4　フィルターを自動清掃する「フィルター自動お掃除ロボット」

は、一度の掃除で出るホコリの量は約6mg、耳かき2杯分程度です。

集められたホコリは、安価な製品であれば本体下部の「ダストボックス」に溜められ、高級機種では、エアコンが熱交換する際に空気から出る水分と一緒に、室外に放出されます。ごくごくわずかな量なので、ホースが詰まったり周囲がひどく汚れたりすることもありません。

たかだか耳かき2杯分のホコリなんて毎日掃除しなくても……、そんな声が聞こえてきそうです。しかし、文字どおり「塵も積もれば山となる」です。積み重なれば大変な量になります。1ヵ月で耳かき60杯分、2ヵ月分溜まれば120杯ですから、フィルターも真っ黒になろうというものです。「コツコツ型」で自動的に掃除してくれるからこそ、フィルター自動掃除機能の効果は高いといえるのです。

同様に、熱交換機に付着しやすいカビについても、自動清掃によって増殖を抑制した上で、内部に約40度の温風を吹き込んで繁殖を抑えるしくみになっています。また、空気中から得られる水分を使ってカビの臭いを抑える機能が備わっている機種もあります。カビを完全に殺してしまうのはなかなか難しいのですが、臭いや繁殖を抑制することで、大きな障害になることを防止しています。

これらの機能はいずれも、通常はエアコンの起動時や停止時に、自動的に働くよう設定されています。ユーザーがメンテナンスを気にかけることなく、快適に使えるようにとの配慮からです。

一方、こうした機能を連続で行うモードが用意されている機種もあります。たとえば外出時にリモコンのボタンを押して出れば、室内の脱臭からエアコンの掃除まで、一通りのメンテナンスを自動で行ってくれます。こういう機能を賢く使うことで、エアコンをいつでも清潔に、快適に利用可能です。

ドライと冷房、省エネはどっち?

「省エネ」の観点から、エアコンについてぜひ知っておいていただきたいことがあります。

みなさんは、「部屋を涼しくしたい」ときに、エアコンのどの機能を使っているでしょうか?

一般的な製品には、3つの使い方があります。「冷房」と「ドライ」、そして「送風」です。送風機能は、扇風機と同様、単に空気を送り出すだけです。最近のエアコンでは、モードとしてはあえて用意していない製品も出てきています。

気になるのが「冷房」と「ドライ」の違いです。日本の夏は高温多湿ですから、湿度を下げることで、気温は少々高めでも快適に過ごせるようになります。「冷房だと電気代がもったいないし、冷えすぎるのもつらいのでドライに」と考える人も多いようです。

Trivia

しかし、節電が主目的であれば、この考え方は間違っています。

エアコンで「室温を下げる」場合には、「熱交換」のしくみが使われます。この際、空気の温度が下がると、空気中にあった水分は気体のままではいられなくなり、液化して水になります。その水は、ホースを伝って室外に排出されるしくみです。逆にいえば、エアコンで気温を下げると、「自動的に湿度は下がってしまう」のです。

それでは、「ドライ」とはいったいどういう機能なのでしょうか？

私たちがドライ機能に求めるのは、「温度を下げすぎずに湿度だけを下げる」ことです。しかし、梅雨時のように特に湿度が高い環境では、湿度を十分に下げようとすると、どうしても同時に室温も下がりすぎてしまいます。ではどうするか？

Trivia

実は、暖房機能を使って冷えた空気を温め直すことで、気温の調節を行うのです。これを「再熱除湿」と

よびます。一方で、ごく弱く「冷房」をかけることで除湿を行う場合もあります。

再熱除湿では、湿度を下げるための「冷房」と、室温を上げるための「暖房」を同時に行う瞬間があるため、冷房運転よりも電力消費が上がってしまうことがあるのです。「ドライなら電気を食わない」は必ずしも正しくないので注意しましょう。

賢く省エネな自動運転を支える「人感センサー」

Trivia

前項で説明したような事情も考慮すると、実は、エアコンでは「自動運転」こそが最も電力効率のよい使い方であるという結論にいたります。快適と感じる温度に設定した上で、あとは自動運転に任せておけば、消費電力を抑えつつ、つねに快適な温度を保つようエアコンをコントロールしてくれます。

エアコンの自動運転といえば、以前は単純に室温に応じて運転の度合いをコントロールするだけでした。しかし現在は、技術開発の発想そのものがまったく新しいものに進化しています。

「人間のふるまい」に応じて自動調節することが最も重要である、という方針に基づく技術開発が基本になっているのです。快適さと省エネの両面で、部屋の中で人間がどう行動するかを「エアコンが観測して動作する」しくみへと発展しています。

日本の家庭でも「リビングダイニング」という間取りが

あたりまえになったことで、エアコンには、より広いエリアをカバーする能力が求められるようになっています。エアコンは基本的に、小さいものより大きいもののほうが高効率なのですが、野放図に部屋全体を暖めるのは、エネルギーの利用効率の観点からは賢いやり方ではありません。

そこで、現在のエアコンで使われるようになっているのが、「人のいるエリアを見分けて、そこを中心に温度を調節する」しくみです。吹き出し口の高さや向きをコントロールすることで、部屋の一部だけで温度をコントロールすること自体は難しくありません。ポイントは、どのようにして「どこに人がいるか」を正しく認識するかにあります。

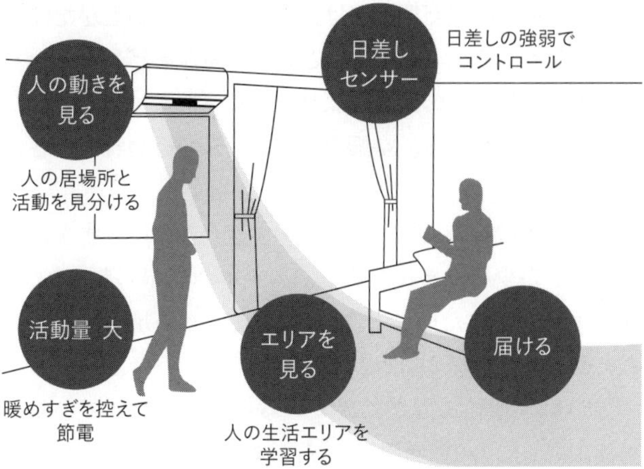

図3-5 センサーを使って人のいるエリアだけを温度調節 人の活動範囲や活動量に加え、日差しの量を判断して、より快適な冷暖房を実現する。

そこで登場するのが「人感センサー」です。赤外線を用いて、距離に応じて「どこに人がいるか」を分析するのが人感センサーです（図3－5)。ある距離を隔てて存在しているのが、「人であるかモノであるか」を見分けるカギは、主として「動いているかどうか」です。その精度は意外なほど高く、人の頭（約30cm）程度の大きさの動きを識別しています。

「よくいる場所」も「よくいる時間」も認識

Trivia

人間は、上半身に比べ、足下の涼しさや暖かさをより強く感じやすい傾向にあります。したがってエアコンには、効率よく足下の空調を行うことが求められます。現在の最新機種では、人間がどこにいるかだけではなく、その「足下」がどこにあるかをピンポイントで認識し、その周囲がより暖かく（あるいは涼しく）感じられるよう、空調コントロールが行われているのです。

たとえば就寝時には、体を温めすぎたり冷やしすぎたりすることが少なくありません。エアコンのかけ過ぎによる体調不良を防ぐためにも、「寝ているときの足下」をきちんと認識し、調整が行われます。

さらに、単純に人が動いているかどうかだけでなく、日々の暮らしの中で室内の「人がよくいる場所」も認識しています。たとえば、ソファや食卓のある場所は滞在時間が長いため、そこを中心に空調を行うことで、よりエネルギーの利用効率は高まります。
「この時間はこの位置にいる確率が高いから暖めて（冷やして）おこう」といった自動制御が行われているのです。逆にいえば、エアコンはあなたの家のリビングの間取りを認識していて、それに合わせてはたらいているわけです。

ここまで微細な制御がなされる背景には、日本ならではのエアコンの使われ方があります。

Trivia

海外、特にアメリカでは、エアコンを止める習慣があまりなく、基本的に、24時間空調をつづけます。このような使用法では、部屋全体が同じ温度になりやすい傾向にあります。省エネにも比較的無頓着で、細かな機能も必要なく、「とにかく出力が大きい」エアコンが好まれます。ホテルなどでも、日本の水準からするとかなり古典的なエアコンが使われていて驚いたという経験のある人がいらっしゃるのではないでしょうか。

省エネ意識の高い日本では、人のいない時間や睡眠時にはエアコンを止めるのが一般的です。起動時には「すぐに暖かい（涼しい）と感じること」が重要である一方、稼働中は可能なかぎり消費電力を抑えたいという、いわば“要求水準の高い”市場です。

それゆえにこそ、前述のように「細かなコントロール」にこだわったエアコンが作られ、それが支持されているのです。リモコンを使って「電気代いくらぶん暖めるか」を細かく指示できる機能を搭載したメーカーもあったくらいです。

日本のように発電に使える資源の少ない国では、ここまでに紹介してきたような機能が必須です。エアコンは、省エネという意味でも「高度な家電制御」という意味でも、最先端の存在なのです。

10

照明

光源と演出力の進化

エジソンが一番乗り……ではなかった!?

私たちの生活に密着したものでありながら、意外なほどその存在を意識しない家電に「照明」があります。電気と家電の歴史は照明とともに始まり、その進化は今もつづいています。

1879年、トーマス・エジソンが電球を長寿命化し、従来のロウソクやガス灯に比べ、より実用的な照明器具を実現したことが、今日的な家庭用照明の始まりとされています。しかし、実はそれ以前から街灯向けとして「アーク灯」が用いられており、電気の光が街中を照らしていました。

Trivia

日本では、3月25日が「電気記念日」、10月21日が「あかりの日」とされています。前者は1878年、日本で初めてアーク灯が点灯した日を記念して、日本電気協会によって制定されました。後者は翌1879年、エジソンが従来よりもずっと長い40時間の電球連続点灯に成功したことに敬意を表して、照明に関する国内の4団体によって制定されたものです。

初期の「電気の光」といえば、アーク灯と電球（白熱電球）でした。

アーク灯は「アーク放電」とよばれる、電圧差のある電極間の気体で生じる「放電」の光を照明として利用するものです。非常に明るいのが特徴ですが、発光時に騒音を伴うこと、消費電力が大きいことが難点でした。19世紀から20世紀初頭にかけて街灯として使われましたが、やがて電球に取って代わられました。

現在でも、限定的な用途ではありますが、強い光を必要とするフラッシュや映写機、ステージライトの一部などに使用されています。

2000時間の寿命をもつ照明

「電球」の名で親しまれている白熱電球は、「フィラメント」とよばれるコイル状の、電気抵抗の大きな伝導体を電気が通る際に生まれる、発光と発熱を照明に応用したものです（図3－6）。

発熱を伴うため、発明された当初はフィラメントがすぐ

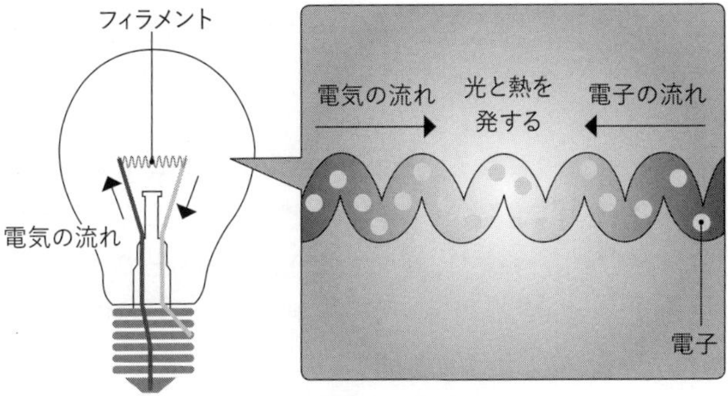

図3-6　白熱電球が光るしくみ

に傷み、長時間の発光はできませんでしたが、電球内に充塡する気体とフィラメントの素材を工夫したことで、問題が解決されました。現在の白熱電球は、エジソンの時代とは異なり、2000時間近くの寿命をもっており、格段の進化を遂《と》げています。

熱を発するということは、それだけ「エネルギーを光に変換する効率」が悪いことを意味します。また、長寿命化したとはいえ、使っているうちにフィラメントが傷み、切れてしまう事態は避けられません。白熱電球は構造がシンプルで安く、暖かみを感じる色合いが現在も評価されていますが、熱と寿命と消費電力の面で、課題を抱えています。

そこで、1930年代に実用化されたのが「蛍光灯」です。蛍光灯は、内部に蛍光塗料を塗り、両端に電極をつけて、内部に少量の水銀蒸気と希ガスを封入したものです。電圧をかけると電極間で放電が生じ、その際に、水銀に電子がぶつかることで紫外線が発生します。その紫外線が、さらに蛍光塗料にぶつかる際に出る青白い光を照明として利用するしくみになっています（図3-7）。

放電が明かりになる点ではアーク灯に近いのですが、ずっと弱い電力でも発光し、騒音なども出しません。発光時には発熱していますが、管内の気圧が低いことで発火などにはいたりません。エネルギーの利用効率が白熱電球よりも高く、寿命も長いのが特徴です。

日本では1950年代以降に本格的な普及期を迎え、1970年代以降は照明の主役の座を占めています。現在でも、「純粋な照明としての利用」に限れば蛍光灯がメインです。1980年代までは、シンプルな棒状や円環状のタイプしかありませんでしたが、今では電球と同じ形状のものが登場しています。

同じソケットで使用できる製品も増え、色もより暖かみ

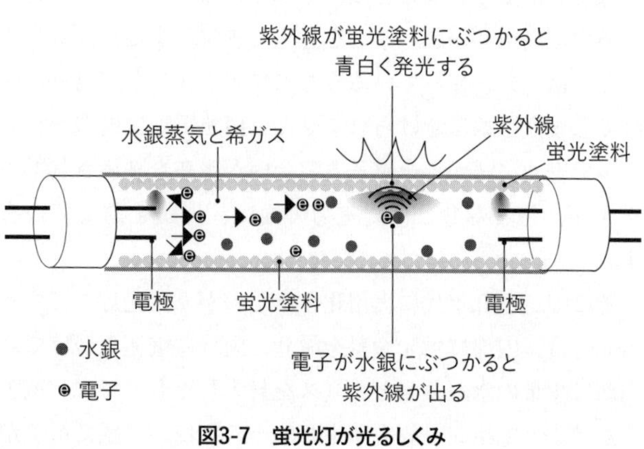

図3-7　蛍光灯が光るしくみ

のある白熱電球に近いものが作られています。

LEDの利点と欠点

2000年代に入って以降、照明に対する省エネ要求は、ますます大きくなっています。

政府は2008年、国内の各家電メーカーに対し、白熱電球の製造中止を呼びかけました。消費電力が高いことがその理由です。メーカー各社は2012年までに白熱電球の生産を中止し、別の方式を採用することになりました。

また、蛍光灯も、2020年を目標に製造・輸入を停止することが検討されています。消費電力の抑制に加え、内部に使われる水銀の利用量を減らすためです。

生産量の面ではまだまだ蛍光灯におよびませんが、急速に数量を伸ばし、新製品では主流となっているのが「LED (Light Emitting Diode)」(発光ダイオード)です(図3-8)。家電機器の「電源インジケーター」から液晶ディスプレイのバックライト、信号機にいたるまで、現在使われている発光源の多くにこのLEDが用いられています。今後の照明用技術としては、LEDが本命になると見られています。

LEDは一種の半導体であり、電流を流すと「ルミネセンス」という原理を使って発光する性質をもっています。発熱が比較的小さいことから電力を光に変換する効率が高く、消費電力が小さいことが特徴です。照明用LEDの場合、白熱電球に比べて消費電力は5分の1程度であり、蛍

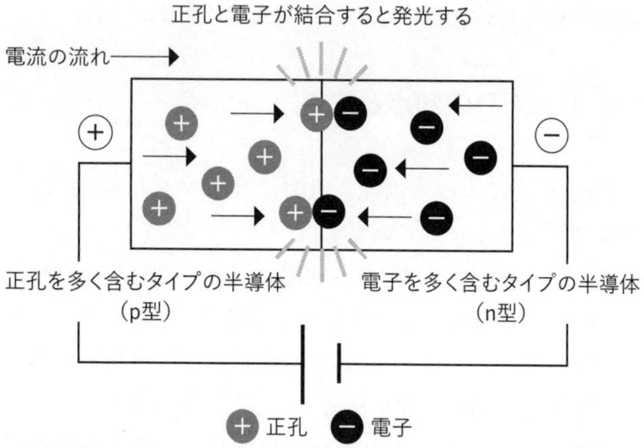

図3-8　LED照明が光るしくみ　正孔を多く含む半導体(p型とよぶ)と、電子を多く含む半導体(n型とよぶ)が接合した場所で正孔と電子が結合すると、発光する。

光灯と比較した場合でも同等以上の性能をもちます。

長時間利用した場合の故障率・損耗率は、白熱電球はもちろん、蛍光灯に比べてもはるかに優秀です。一般的な使用の範囲であれば、両者よりもずっと長持ちします。LED 電球の場合、メーカーの設計寿命（明るさが出荷時の 70 %に落ちるまでの平均時間）は約 4 万時間あり、一般家庭での使用であれば、10 年の単位で交換が不要です。

Trivia

蛍光灯とは異なり、紫外線を発しないのも LED の特徴です。蛍光灯は水銀に電子がぶつかる際に紫外線を出すため、そこに虫が集まりやすいという欠点をもっています。街灯などに LED を使うことで、蛍光灯に比べて虫が集まりにくくなるメリットもあります。

現時点におけるLEDの課題はコストです。技術的にシンプルであり、数十年にわたって作りつづけられてきた白熱電球や蛍光灯に比べると、いくぶん高価であるのが欠点です。とはいえ、消費電力が低いこと、10年以上も交換が不要であることを勘案して、最終的にはお得になると考える人が増える傾向にあります。

半導体は、製造ラインを構築して大量生産の準備を整えれば、コストが劇的に下がる傾向をもっています。LEDの生産量は大幅な増加基調にあり、価格は今後も低下していく可能性が高いと予測されています。

薄型・小型・低消費電力と三拍子揃っているLEDの利用は、液晶のバックライトや自動車のヘッドライトといった領域で急速に広がっています。特に液晶のバックライトについては、すでにほぼ100％の製品でLEDに置き換えられました。

他方、家庭向けの照明は、家を建て替えたり引っ越したりといった"大きなきっかけ"がないかぎり、なかなか交換されないのが実情です。そのような背景から、LED照明の普及率は20％前後にとどまると見積もられています。一般家庭における蛍光灯からLEDへの移行は、長い期間をかけてゆっくりと進んでいくでしょう。

Trivia

オフィスや店舗向けの照明においては、家庭よりもかなり早いペースで置き換えが進んでいます。そのような施設における電力消費量のうち、照明は約2割を占めます。消費電力の抑制につながる上に、設備維持コストも下げられるLED照明の導入は、企業にと

っては大きなメリットです。

特に、2011年3月の東日本大震災後に電力事情が悪化し、省エネや節電に対する要望が高まったことが、企業における照明の置き換えを大きく後押ししました。

「白」をどう出すか、それが問題だ

実はLEDは、半世紀以上前の1962年に発明されています。ただし、照明への利用も含め、これほどまでに用途が拡大したのは、2000年代に入ってからのことです。課題は、表現できる「色」が乏しいことにありました。

1980年代までのLEDで発色できたのは赤のみで、その後も、黄色や黄緑色は実用化されていたものの、青や純粋な緑が出せずにいました。フルカラーディスプレイを作ったり、照明に必須の「白い光」を作ったりすることが困難だったことが、LEDの用途を限定していたのです。

1993年に青色LEDが開発され、さらにそれを発展させて純緑色のLEDが開発されたことで、状況は一変します。素材の改善等によって、2004年に劇的な低コスト化に成功したことで、現在のように幅広く使える技術へと変身を遂げました。

現在の照明に使われているのは、俗に「白色LED」とよばれるものです。といっても、純粋に白い光を出すLEDは存在せず、光の色の組み合わせで白く見せています。

どのように白を作り出すのでしょうか？

Trivia

一般的には、青色LEDを黄色い蛍光体で覆い、青い光が黄色い蛍光体を光らせる際の色が白に近くなる現象を利用して、「白色」を表現しています。「補色」とよばれるしくみです。青と黄色の組み合わせの他に、青+赤・緑の蛍光体で白を作る場合もあります。この場合は、完全な白ではなく、いくぶん青白い光になるのが難点です。

赤・緑・青の3色のLEDを組み合わせて作ることで、より自然な白を表現できますが、どうしても高価になるため、一般的な照明には不向きです。最近は、この3色ではなく、青と黄色の2色のLEDを組み合わせて、補色のしくみで白を作る照明用LEDも増えています。

LED照明が蛍光灯におよばない点とは?

実は、照明において重要なのは、「白い光が出ること」ではありません。その光で照射されるものが「好ましい色に見えるか」が最も重視されるポイントです。このような特性を「演色性」といいます。

Trivia

演色性は、一般に「平均演色評価数(Ra)」とよばれる指数で表され、100に近いほど理想的であると評価されます。蛍光灯では80〜90が一般的ですが、LED電球はこの値より低めになる傾向があります。特に、赤いものや肌の色の忠実な再現に難があるのですが、上記のような工夫を重ねることで、現在の照明用LEDでは「83以上」のRa値の実現を目安に製品開発が行われています。

複数のLEDを組み合わせることはコスト増につながりますが、それを上回る利点もあります。どのLEDをどれだけ光らせるかは、電力で決まります。スイッチなどでコントロールすれば明るさを変えられるわけですが、複数のLEDの明るさを、それぞれ別に変えることで、光の色をコントロールすることが可能です。

白色電球や蛍光灯でも、複数の照明を使えば光の色を変えることができますが、当然追加のコストが必要になります。LED照明の場合なら、そもそも複数のLEDを使っているので、調色のための追加コストはずっと小さなものですむのです。実際、最近の一般的な家庭向け照明用LEDでは、高級機種でなくても、調色機能を備えていることが多くなっています。

「発熱」と「光の指向性」をどう抑えるか

LEDにはもう1つ、他の照明用光源とは異なる欠点があります。

LEDチップ1つでは発光量が小さく、光の「指向性」が高いことです。

白熱電球ほどではありませんが、LEDが光る際にも熱を発します。その量はLEDに入力する電力量に比例し、同時に光量も増えます。つまり、明るくするにはより高いエネルギーを加えればいいのですが、LEDには発熱すると急速に劣化する性質があります。また高い発熱は、

LEDを保護している樹脂の劣化にもつながります。

長寿命を維持するには、1つのLEDの明るさを抑制気味にせざるを得ません。同時に、LEDからの熱を効率的に逃がすしくみを用意する必要も出てきます。LEDは白熱電球より熱に弱い部品なので、「いかに発熱させないか」「いかに熱を逃がすか」が重要な課題となります。LED照明の中には、アルミ板などを使ってLEDからの熱を逃がすしくみが用意されていますが、その構造や形状も、各メーカーにとって大きなノウハウの1つとなっています。

白熱電球はフィラメントから、蛍光灯は蛍光管の裏面(蛍光塗布面)から発光するため、どちらも筒状に、広く光が出ていきます。つまり、広い面積を単独の照明で照らすのが容易です。

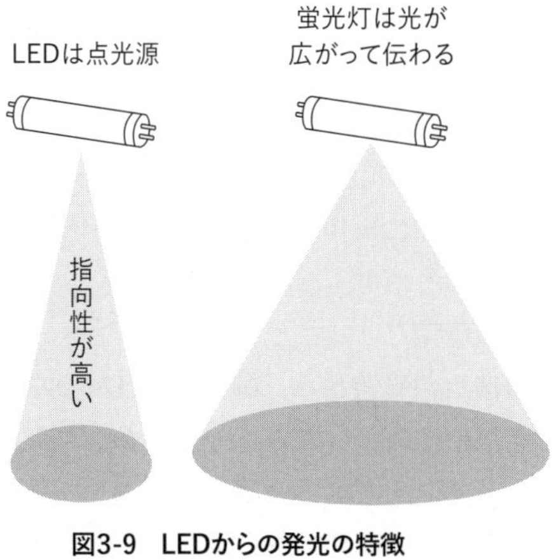

図3-9　LEDからの発光の特徴

一方のLEDは、半導体から「面」のような形で発光するしくみです。LED自体がチップ状であるため、実際には点から発光する「点光源」になります。点光源から出る光のままでは、ある一定の幅しか照らせません（図3－9）。

この、光が広がらず一方向に伸びていく性質を「指向性」といいます。指向性が高いことそのものは決してマイナスではなく、ペンライトやヘッドライトなどの用途に好適ですが、家庭の照明用としては、光が広がらず、手元以外が暗くなってしまう点で不向きです。

また、光源を直接見た場合、「非常にまぶしい点」に見えてしまうため、照明としてはそもそも快適ではないという欠点もあります。

「偉大な照明」への創意工夫

そのようなマイナス面をもつLEDが照明に使えるのはなぜでしょうか？

2つの工夫が施されています。

第一の工夫は、LEDチップを複数組み合わせることです。前述のように、複数のLEDを組み合わせることで照明の色を調整しやすくなるという事情もあり、この手法には、光量の確保だけにとどまらないメリットがあります。

Trivia

製造上の事情から、個々のLEDチップには、ごくわずかではあるものの、光量にばらつきが出る場合があります。そのようなチップをすべて除外したのでは、製造上のムダが多く出てコストがかさんでしまい

ます。複数のLEDを組み合わせて全体で光量をコントロールすることで、照明としてのばらつきが出ない状態を実現でき、工場で生産したLEDのほとんどを利用できるようになります。製品コストがさらに下げられるメリットがあるのです。

第二の工夫は、光を拡散させるために「レンズ」を使うことです。

LEDチップは樹脂で覆われていますが、実はこの樹脂そのものが、もともとレンズの役割を果たしています。しかし、特に照明用のLEDの場合には、さらに光を拡散させる必要があるため、構造やレンズの技術により大きな比重がかかっています。

たとえば、電球型のLED照明の場合には、LEDチップを複数組み合わせた上でガラスカバー部に光を散乱させる

図3-10　シーリングライトのLEDチップの内部配置

素材をつけ、より広範囲を光で照らすようにしています。既存の蛍光灯と置き換える、天井設置用の「シーリングライト」とよばれるタイプの照明では、まずLEDチップを円周状に配置し、さらにその上に、プラスチック素材で作られた拡散用のレンズを組み合わせることで、部屋全体を明るく照らせるようにしています（図3-10）。

シーリングライトの善し悪しは、LEDチップ以上に拡散用レンズの設計が握っているといっても過言ではありません。LEDチップの製造メーカーは限定されており、各社が調達する部品も、同じ時期に同じようなコストで入手できるものであれば、極端な性能差が出ないからです。

一方、効率的に光を拡散するレンズを作るには多くのノウハウが必要であり、LED照明を手がける各社は「よりよい光」を求めて、今日も試行錯誤をつづけています。

#11 電動シェーバー

“切れ味”を生み出す超微細加工技術

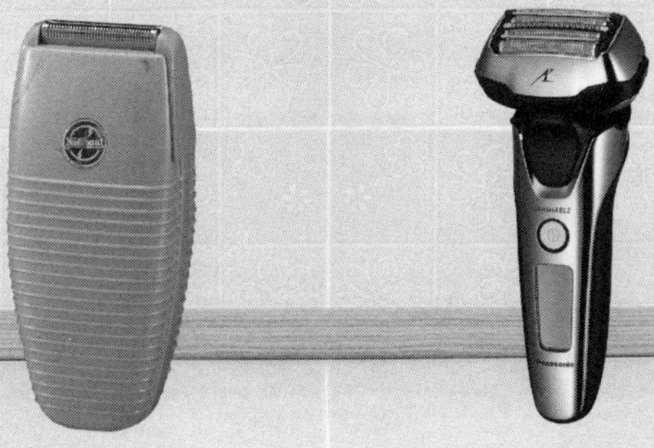

1955年 >>>>> 2015年

「成人男性が毎日一度は必ず使う家電」といえば、電動シェーバー（ヒゲ剃り器）。1950年代に登場して以降、世の男性の朝の貴重な時間を節約してくれています。パナソニック（旧松下電工）も1955年に第一号製品を発売しており、2012年には、同社だけで累計の出荷台数が1億8000万台に到達するほど市場規模が大きくなっています。自宅用と出張・旅行用に複数を使い分けている、という人もいるでしょう。

これだけ身近な家電でありながら、そのしくみを理解している人は案外少ないのではないでしょうか。刃をヒゲに当てて、剃るだけの機械。手でもできるけど、面倒だから機械による往復運動に置き換えただけ。そんなとらえ方をしている人も、きっと多いはずです。でも実は、意外に奥の深い機械なのです。

電動シェーバーといえば、男性だけに向けた製品というイメージですが、現在はムダ毛処理などを目的とした「女性用シェーバー」も製品化されています。用途によって、剃る毛の硬さや生える向きなどが異なっており、まったく同じ製品というわけではありませんが、使われている技術は共通しています。ここでは、男性のヒゲ向けの電動シェーバーを中心に説明していきます。

ヒゲの硬さは「銅線」なみ!?

「ヒゲを剃る」とは、どのような行為なのでしょうか？　機械としてのシェーバーの奥深さを知るために、「ヒゲを剃る」動作を子細に分析してみるところから始めましょう。

単純にいえば、「ヒゲに刃を当てて、押し切る行為」ですが、ここでは皮膚との関係に注目してみます。長く伸びたヒゲや髪の毛をハサミで切る場合とは異なり、一般的なヒゲ剃りでは、皮膚に刃を押し当てて動かし、刃が当たったヒゲだけを切っていく必要があります（図3-11）。当然、皮膚を切るわけにはいきません。

Trivia

皮膚とヒゲとカミソリの刃の関係はきわめて微妙で、刃が当たっている以上、皮膚は必ず、わずかではあっても削れてしまいます。ヒゲを剃った後に皮膚が赤くなる「カミソリ負け」は、「刃が皮膚を傷つけすぎた」状態を指します。一方、皮膚を絶対に傷つける

ことのないよう、刃と皮膚の間を広く取ると、こんどは根元までヒゲを剃ることができず、「剃り残し」が生まれます。ヒゲ剃りとは、実に微妙なバランスが要求される行為なのです。

「ヒゲなんてやわらかいんだから、皮膚を傷つけてしまうほど鋭利な刃物を使わなければいいんじゃないの？」——そんな声が聞こえてきそうです。これには大きな誤解があって、ヒゲは決してやわらかくなどないのです。

Trivia

実は、ヒゲの硬さは、同じ太さの銅線と同程度です。数本まとまれば、かなりの硬さになります。切れ味の悪いカミソリで力をかけすぎてしまい、肌を傷めてしまった経験のある人も多いのではないでしょうか。

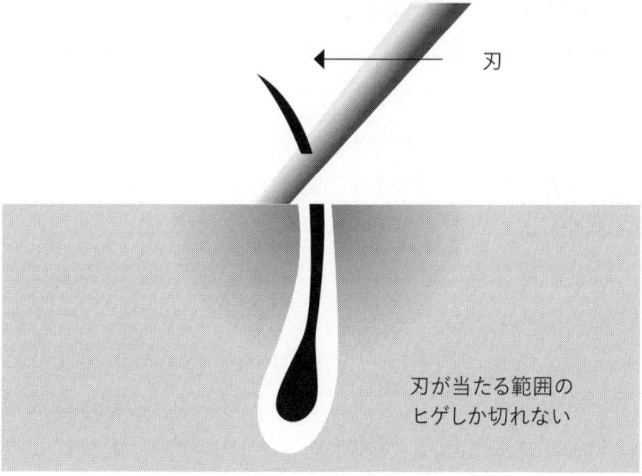

図3-11　刃はヒゲをどう剃っている?

そのため、ヒゲ剃りに使われるのはかなり鋭い刃です。特に理髪店などでは、毎日手入れしたカミソリを使って、人の手で慎重に、しかも素早く剃ります。熟練したテクニックも必要です。

これとは対照的に、電動シェーバーは毎日、気軽に使うことを前提にしています。電源を入れてアゴに当てれば、誰でも同じように確実に、簡単にヒゲが剃れる製品でなければなりません。電動シェーバーは、どのような工夫を凝らして、熟練の理容師に匹敵する機能を実現しているのでしょうか？

役割分担している２種類の刃

シェーバーは一般的に「外刃《そとば》」と「内刃《うちば》」とよばれる、２種類の刃がセットで使われます。

すでに述べたように、ヒゲを剃る際には、皮膚を傷めずにヒゲだけを切る必要があります。「外刃」と「内刃」はこれを実現するしくみです。まず、外刃でヒゲをすくい上げ、皮膚を押さえ込みます。ヒゲがピンと立ったら、それを内刃が切り取るのです（図３-12）。

最もシンプルなシェーバーの場合、外刃は穴が大量にあけられたメッシュ状の構造になっています。そこにヒゲが入ると、こんどは中で内刃が動いて、そのヒゲを切ります。内刃を動かすためのしくみが、モーターを使った電動になっているために「電動シェーバー」という名称になっています。基本的な構造は、高価なシェーバーも安価な製

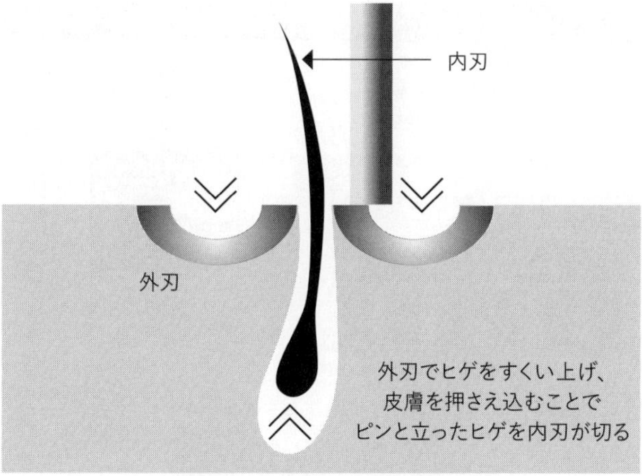
内刃
外刃
外刃でヒゲをすくい上げ、
皮膚を押さえ込むことで
ピンと立ったヒゲを内刃が切る

図3-12　外刃と内刃の役割分担

品も共通で、比較的シンプルな機構です。

共通の構造とはいえ、当然シェーバーごとの性能によって切れ味は変わってきます。剃り上がりに影響する切れ味の違いは、どのような要因によって生まれるのでしょうか？

第一に、「内刃が動く速度」が異なります。たとえ同じ刃でも、素早く動くほうがより確実にヒゲを切ることができます。

通常のシェーバーは、モーターの回転運動を水平方向の往復運動に変換して刃を動かします。この機構の場合、速いものでも1分間の移動回数は9000回程度にとどまります。これに対し、パナソニックが採用している「リニアモーター駆動」では、5枚刃製品で1分間に1万4000回も

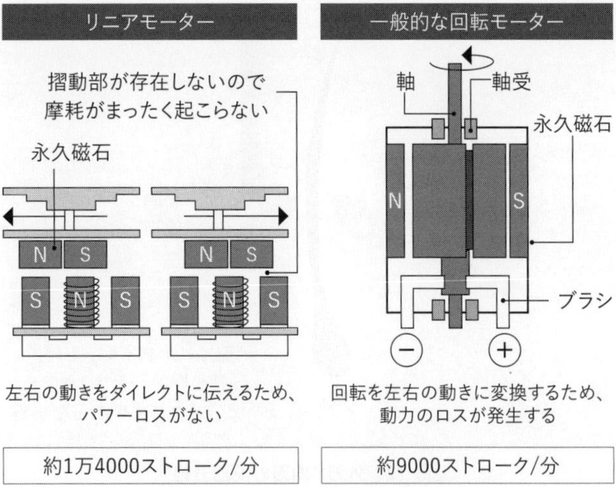
リニアモーター
一般的な回転モーター
摺動部が存在しないので
摩耗がまったく起こらない
永久磁石
N
S
S
N
S
軸
軸受
永久磁石
N
S
ブラシ
−
+
左右の動きをダイレクトに伝えるため、
パワーロスがない
回転を左右の動きに変換するため、
動力のロスが発生する
約1万4000ストローク/分
約9000ストローク/分

図3-13　リニアモーター駆動のしくみ

移動します（図3－13）。

Trivia

リニアモーターは、通常のモーターのように軸をもっておらず、回転運動ではなく直線運動するモーターで、「リニアモーターカー」にも用いられています。シェーバーに必要な動きは内刃の「水平移動」のみなので、水平移動しかしないリニアモーターはきわめて相性がよい技術なのです。水平運動への変換に伴うロスがないことに加え、モーターの上に取りつける、内刃を含む「ヘッド部」がシンプルな構造ですむメリットがあります。そのぶんヘッドが軽くなることで、さらなる運動速度アップにつなげることができるのも、大きな利点の１つです。

また、ヘッド部が軽くなることで動きやすくなり、皮膚に刃を密着させるような動きをさせやすいことも、剃り味のよさにつながります。パナソニックは1995年からリニアモーター式を採用し、現在は主力製品の多くで利用しています。

Trivia

高級機種の場合には、駆動するモーター部にセンサー機能が内蔵されています。どのくらいの負荷でヒゲが切れているか、ヒゲにどれだけ刃が接触しているかを知るためです。モーターへの負荷が強い＝ヒゲへの接触量が多いときは、出力を高めて積極的にヒゲを切ります。モーターへの負荷が低い＝ヒゲへの接触量が少ないときは出力を下げ、肌への負担を軽減するのです。１回の充電に対する動作時間を稼ぎつつ、モーターや刃への負担も軽減できるしくみです。

電動シェーバーが誕生した当初は、円形の外刃と内刃を組み合わせ、回転式のモーターで内刃を円状に回して剃るタイプの製品が多くありました。現在も、低価格製品や乾電池式のシェーバーでこの方式が採用されています。しかしこのしくみには、ヒゲの生えている方向に関係なく刃が動くため、確実な剃りを実現できず、剃り味がよくないという欠点があります。

日本刀と同じ「鍛造」技術を応用

切れ味をよくする第二の要因として、内刃の作りが重要です。

前述のように、ヒゲは意外と硬いものです。「切るのが難しい」ほど硬くはありませんが、「つねに切れ味を維持する」には困難が伴う硬さをしています。品質の悪い刃では、あっという間に切れ味が落ちてしまいます。

刃の作り方もさまざまですが、できるだけ安価に作りたいなら、金属板を刃の形に成形して、角を鋭くするだけで可能です。カッターの刃などがその例で、金属板を硬くなるように熱処理したのちに、刃になる部分を砥石で削ってとがらせます。ただし、刃が傷みやすいという欠点があります。

Trivia

比較的高価なシェーバー用の刃では「鍛造《たんぞう》」が行われます。鍛造とは、加熱した金属を叩いて圧力をかけ、目的の形に成形する作業を指し、日本刀などを作製する際にハンマーで叩いて刃を作っていく方法と同じです。鍛造をすることで、金属の結晶がより微細になり、その方向も揃いやすくなります。その結果、より強度の高い金属を得ることができるのです。

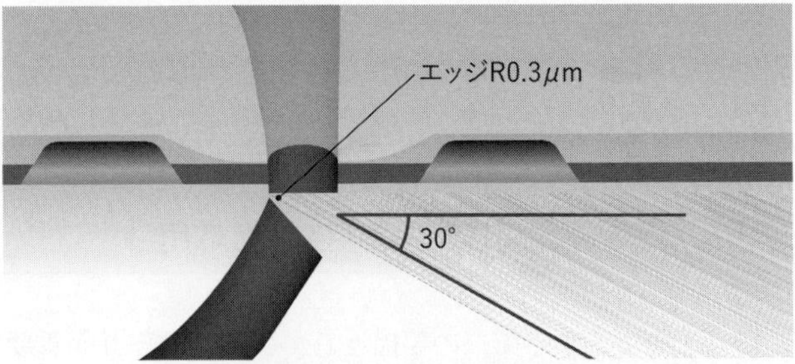

図3-14　切れ味を決定づける内刃の刃先

特に、切れ味を左右する内刃の場合には、刃の先端をしっかりととがらせるために、鍛造した刃の先を、さらに砥石で削ることで鋭い刃先を作ります。パナソニックの製品では、シェーバーにとって最適な数値を解析した結果、この刃先の傾きは30度に定められています（図3－14）。

「～枚刃」の数は何を意味している？

第三の要因として、外刃に施されている工夫はどのようなものなのでしょうか？　外刃は、内刃のように鋭くとがっているわけではありませんが、作りという観点からすると、実はより事情が複雑です。

シェーバーは、内刃と外刃の組み合わせでヒゲを剃ります。ヒゲが外刃の「穴」に入り、それが内刃で切られるしくみなので、大前提として「外刃にヒゲが入る」必要があります。単純に2種類の刃を組み合わせただけの構造では、外刃に十分な量のヒゲが入らず、剃り残しが多くなるのです。

よくある「剃り残し」の例として、剃ったはずの部分の皮膚から、少しだけヒゲが飛び出している場合があります。外刃の構造は、このタイプの剃り残しに大きく影響しています。

確実にヒゲを剃るには、外刃がいかにうまくヒゲを起こし、内刃へ導くかが重要です。そのため外刃には、「ヒゲを持ち上げる機能」と、「ヒゲを立ったまま内刃に当てる機能」の両方が求められます。2つの機能の両立を図るために、外刃を1種類だけ使うのではなく、「複数の構造のものを組み合わせて使う」手段がとられています。

Trivia

シェーバーの性能表示には、「3枚刃」「5枚刃」といった表現が用いられます。これは、「違う役割をもつ外刃を何枚組み合わせた製品であるか」を示すものです。基本的には、刃の枚数が多いほど皮膚にあたる刃の面積が広くなり、皮膚に対する圧力が分散します。その結果、剃り味がやさしくなり、剃り終わりまでの時間も短くなる傾向にあります。刃の枚数が多いほど高級機種である、ととらえていいでしょう。

パナソニックの5枚刃製品の場合には、実際には3種類の刃を組み合わせた構造になっています（図3－15）。中央に「クイックスリット刃」が、その左右に「くせヒゲリフト刃」が、さらにその両外側に「フィニッシュ刃」が配置されています。

3種類の刃はそれぞれ、異なる役割を担っています。人

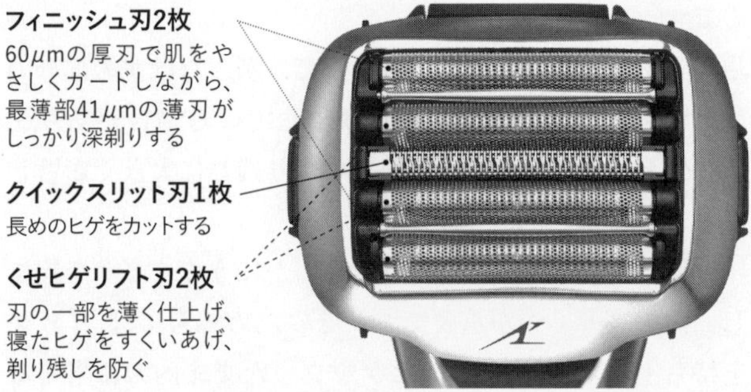
フィニッシュ刃2枚
60μmの厚刃で肌をやさしくガードしながら、最薄部41μmの薄刃がしっかり深剃りする
クイックスリット刃1枚
長めのヒゲをカットする
くせヒゲリフト刃2枚
刃の一部を薄く仕上げ、寝たヒゲをすくいあげ、剃り残しを防ぐ

図3-15　3種類の刃を組み合わせた5枚刃構造の外刃

間のヒゲは、すべてが同じ方向に生えているわけではありません。長さもまちまちです。それらをきれいにカットするには、ヒゲを同じ方向に揃えて立ち上げさせ、同じ長さに揃える必要があります。

まず、「クイックスリット刃」が軽くヒゲを起こし、長さを整えます。完全に寝てしまっているヒゲは、「くせヒゲリフト刃」で持ち上げます。そして、「フィニッシュ刃」で切る、という形になっているのです。

わずか5㎛の差が「痛くない剃り味」を決める

特に重要なのが、フィニッシュ刃の形状です。フィニッシュ刃では、ヒゲを起こし、穴に入れ、うまく内刃で切れるように導く必要があります。フィニッシュ刃は、薄い刃に大量の穴があけられた構造になっており、「1枚刃」のシンプルなシェーバーにも似た構造のものが使われています。パナソニックの場合は、およそ12mm × 38mm の面積の中に約1300個の穴があけられています。

ただし、単に穴があいているだけで理想的な剃り味を実現できるわけではありません。ヒゲを剃る際には、「刃と皮膚の間の距離」にきわめて微妙な関係があります。

Trivia

通常、60 μm（0.06mm）の距離がないと、刃が皮膚を削ってしまいます。これが 55 μm（0.055mm）になるだけで、皮膚に痛みを感じるようになるのです。しかし、ヒゲを「起こす」ことを考えると、外刃は、ヒゲの根元に潜り込みやすい形にしておく必要が

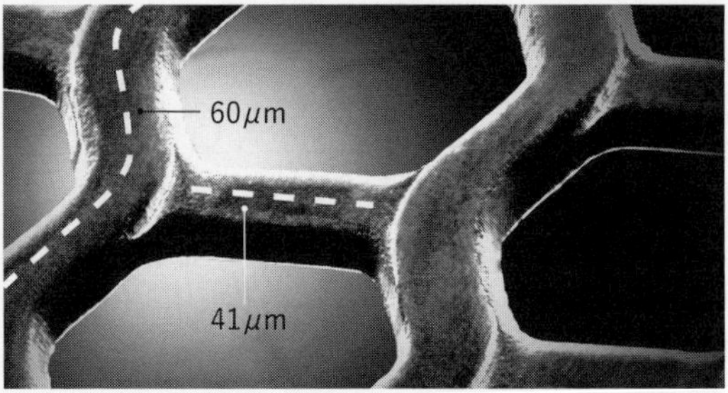

図3-16　フィニッシュ刃の構造

あります。これには、外刃はより薄いほうが望ましいのです。

この相矛盾する2つの条件を満たすために工夫を凝らされているのが、パナソニックのフィニッシュ刃です（図3-16）。この刃は、平坦な板に穴があいている構造にはなっていません。穴の周囲の一方向だけを41μm（0.041mm）と薄くすることでヒゲの根元に潜り込みやすい構造とし、円周の残り部分は60μmの厚みをキープすることで、内刃が皮膚に接近しすぎて傷つけることを防止する形になっています。

構造が複雑なぶん、製造はより困難を極めます。前述のとおり、このフィニッシュ刃にはおよそ12mm × 38mmの中に約1300個もの穴があけられているのですから、その大変さは容易に想像がつくでしょう。

Trivia

この刃のための金型は、加工用の切削工具で圧力をかけて作るのですが、そもそもその工具を作るために、きわめて微細な加工を正確に行う技術が必要で

> す。開発担当者によれば、その工具加工から内製化することで、シェーバーの命である刃の差別化を実現しているのです。

精巧な刃は消耗品と心得よう

電動シェーバーの内刃と外刃は、水分や皮脂につねに触れる場所であるため、清潔であることが求められます。サビにくいステンレス鋼が材料として使われているのはそのためです。ステンレス鋼はサビにくいだけでなく、硬度も通常の鋼に比べて高く、摩耗しにくい特徴があります。その点でも、シェーバーの刃に最も適した材質といえるでしょう。

ただし、刃にはどうしても、皮膚片や皮脂がついてしまいます。これらの付着は、せっかく鋭く尖らせた刃を鈍らせる最も大きな原因の1つです。そのため、定期的に手入れをして、汚れを取り除く必要があります。

以前の製品では、ブラシなどを使ってゴミを取り除いたのちに、内刃を外して洗わなければならないものが多くありましたが、現在は大きく変わりました。防水タイプが増えたことで、内刃を外すことなく、簡単に洗浄できるようになったからです。刃の素材がステンレス鋼であるため、洗浄してもサビが出にくく、清潔さが保ちやすい点も利点です。

特に高級機種の場合には、アルコールなどの除菌剤を含む専用の「洗浄液」が用意されており、使用するたびに内部の洗浄と殺菌を行う製品も増えています。

適切な手入れを行っても、内刃や外刃が少しずつ劣化していくことは避けられません。いずれも消耗品であることを忘れず、肌を過度に傷めることのないよう定期的に交換しましょう。パナソニックの製品では、内刃が約２年、外刃は約１年で交換することを目安としています。担当者によれば、刃の耐久性そのものは、より厳しい基準で作られていますが、快適な使い心地を維持するための推奨値とのことです。

また、硬い金属でできているとはいえ、特に外刃はきわめて薄い板状の構造をしています。ぶつけたり落としたりすると、簡単に刃が割れたり凹んだりします。なめらかな剃り味を実現するのが困難になるだけでなく、ケガの原因にもつながりかねません。保管時には必ず刃にカバーをつけ、万一外刃に異変を感じたら、すぐに新品に交換するようにしましょう。

#12 マッサージチェア

「銭湯」から普及した日本発の「リラックス家電」

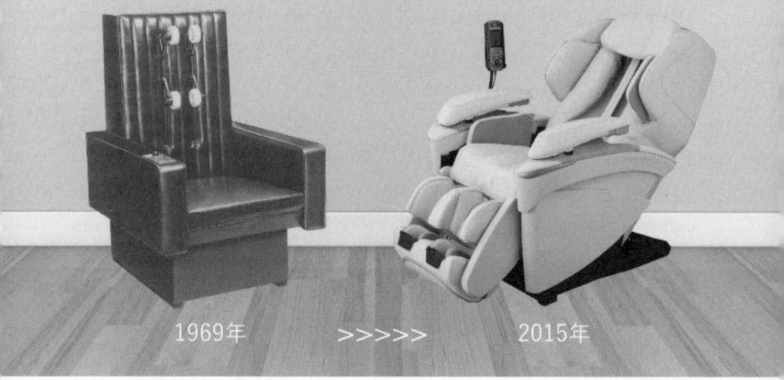

つらい肩こりや腰痛を和らげてくれるマッサージ機は、生活に必須ではないものの、暮らしに潤いを与えてくれる家電の1つです。特に、椅子型の「マッサージチェア」は、「いつかは欲しい」あこがれの家電の代表格。その人気のほどは、家電量販店の体験コーナーがつねに賑わっていることからも明らかです。

日本で初めて家庭用マッサージ機が登場したのは1954年のことで、フジ医療器が開発した製品が第一号でした。パナソニック（旧松下電器産業）は、1969年にこのジャンルに参入しています。現在でこそ世界中で使われていますが、マッサージチェアを発明したのは日本企業であり、現在も国内メーカーが中心となって、シェアと機能を激しく争っています。

開発当初のマッサージ機は家庭にはあまり普及せず、もっぱら業務用の需要が中心でした。初期には、銭湯や温泉などの公衆浴場に、コインを入れて動かすタイプが広がっていきました。1950～60年代の日本では、銭湯が最も気軽なリラックスの場であったことが大きく影響しています。

その後、各家庭に内風呂が普及して銭湯の利用率が低下したこと、生活に必要な家電の普及が一段落し、より豊かな生活のための製品を求める人々が増えたことなどを背景に、1980年代以降は、業務用から家庭用のマッサージチェアに主軸が移り、新たな市場が形成されました。

ライバルは「プロのマッサージ師」

巧みにこりをほぐしてくれるマッサージチェアのしくみや技術を知る前に、初期の製品と最新機種とを比較してみましょう（前ページの写真参照）。一見してわかるとおり、初期にはきわめてシンプルな形であったものが、現在はより複雑な形状へと変化しています。機械としての形の変遷は、実はそのまま「プロのマッサージ師」がもつ技術へのチャレンジの歴史を反映しています。

マッサージチェアは、人の体に「もみ玉」とよばれる部位を押し当てて、血流の悪い箇所をほぐすものです。このもみ玉が、マッサージをしてくれる人の拳や親指などの代わりをしてくれるわけです。

最もシンプルで古典的なマッサージチェアの場合、もみ玉はつねに肩に相当する位置にあって、内部でモーターが回転するのに合わせて上下動します。この動きによって肩にもみ玉が当たり、ぐっと押し込むことでマッサージの効果を生み出します。肩たたきを自動化したものと考えるとわかりやすいでしょう。

モーターの回転に合わせて、一定のサイクルでもみ玉を上下させるには、「カム」というしくみを使います。カムの外径に沿ってもみ玉が動く、シンプルなしくみです。

現在の最新機種においても、このようなカムの動きを活用してもみ玉を動かす点に違いはありません。しかし、古典的なマッサージチェアと、現在の製品とでは、その「狙い」がまったく異なります。

古典的なマッサージチェアが「肩たたき」を自動化するにとどまっていたのに対し、最新の機種では、単純な上下動をはるかに超える「プロの手技」を再現するところまで機能強化が図られているのです。

プロのマッサージ師が施術する際の手の動きを「手技」とよびます。人間の体は、骨格と筋肉の組み合わせでできています。その組み合わせは複雑で、各部位に対する十分な知見と、それをときほぐす熟達した経験によって組み立てられた技を使わねば、適切なマッサージは行えません。

そのノウハウをもっているのが「プロのマッサージ師」であり、彼らの手技の再現こそが、現在のマッサージ機開発者たちが掲げる究極の目標になっているのです。

プロの技をどう再現するか

プロの手技を再現することを目指して、現在のマッサージチェア開発は、マッサージ師の方々と協力する形で進められています。パナソニックの場合には特に、「ある時間の中で、どこをどのようにマッサージしていくか」という「流れの最適な構成」を重視しています。たとえば現在の製品では、おおむね19分間で満足な体験を得られることを目標に据えています。

Trivia

この「19分間の体験」を、開発担当者は「ストーリー」とよんでいます。開発にあたっては、開発者自ら実際にプロの施術を受け、どのような印象をもったか、という情報をフィードバックして機能の充実が図られています。この工程だけで8ヵ月程度の時間がかけられており、開発全体においてもきわめて重要な位置を占めます。

こうして作られる「ストーリー」は、シンプルな「たたき」だけから構成されるわけではありません。現在のマッサージチェアでは、「揉捏《じゅうねつ》」とよばれる手技が再現可能です。揉捏は、手を患部に密着させて垂直に圧力をかけ、筋繊維を動かすことで血行をよくする方法です。

マッサージ師は指や手のひらを使って行いますが、マッサージチェアではこれをもみ玉で再現します。こりのポイントにもみ玉を押し込み、約10mm単位でずらすことで揉捏の効果を生み出します。担当者によれば、「将来的にはロボットハンドのような人の手に近いものを使用する可能性もある」そうですが、現状では、もみ玉を使って体に圧力をかける方法がベストと判断しています。

人体は立体的に構成されており、筋肉のつき方も立体的です。手技は筋肉の流れに沿って行われるため、その動きは、直線的でも平面的でもありません。背中という面を基準にしつつ、なかば立体的に動かす必要があります。構造によって、素早く動かす必要がある箇所もあれば、ゆっくり動かしたほうがよい部位もあります。力のかけ方も、パーツによって変化します。

すなわち、プロの手技を再現するには、もみ玉の「位置」「速度」「強さ」「ひねり」のすべてを精細にコントロールしなければならないのです。

現在のマッサージチェアでは、単純な上下・左右の運動だけでなく、より立体的にもみ玉を動かすことができるようになっており、それによって手技の再現を試みています(図3-17)。もみ玉自体の動作も、定期的な円運動のようなシンプルなものではなく、立体的な軌道をスピードを変えながらたどる、非常に複雑なものになっています。

書道ができるマッサージチェア!?

もみ玉の動きの改良とともに重要なのが「センサー」能力の向上です。

力任せにもみ玉を押し込んでも痛いだけで、決してマッサージ効果は生まれません。逆に、弱くても同様にこりは

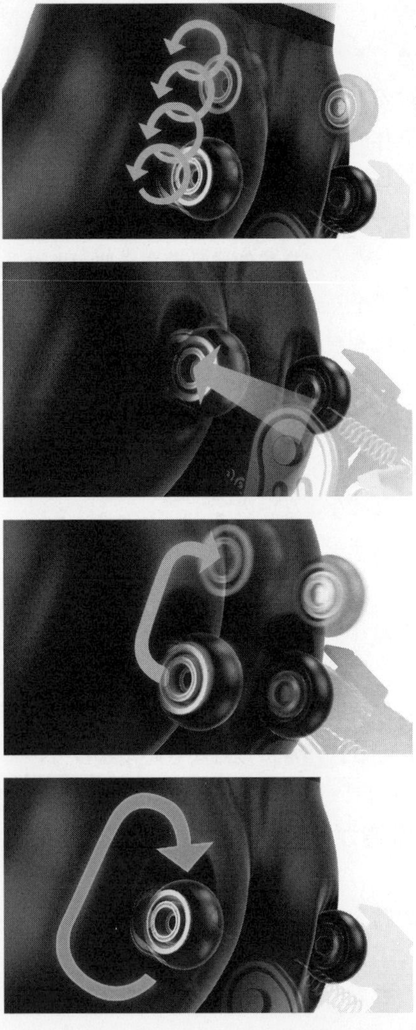

図3-17　縦横無尽に操作できるもみ玉で、揉み、押し、たたく

ほぐせません。「圧力センサー」でもみ玉の押し込み具合を感知して、個々人の体の状況に合わせて適切な力加減を実現しています。

また、体格によってツボの位置や筋肉の位置が当然、違ってきます。マッサージチェアが適切にはたらくために重要なのが「肩の位置」です。現在の高級機種に座ると、「位置センサー」によってもみ玉などの位置が自動で調整され、体を包み込むような動きを実現します。そのようすはまるで、「マッサージチェアの中にプロのマッサージ師が入っている」かのようで、体験するに値する価値があります。

Trivia

単純に肩の位置と書きましたが、実は、位置センサーが計測しているのは「肩」だけではありません。肩の位置から「その人がどのような体格をしているか」を判断した上で、座ったときの「お尻の位置」を判別し、こんどは圧力センサーを使って、椅子に腰かけたときにどこに圧力がかかっているかという情報と照合します。これから得られたデータを基に、もみ玉を動かす機構の位置を調整して、適切なマッサージを実現しているのです。

両センサーの仕事は、マッサージがはじまっても終わりません。人は、椅子の上でも体を動かすものですし、もみ玉の動きに反応する形で動いてしまうこともあります。そのような場合でも揉む位置を適切に調整するために、センサーがはたらきつづけているのです。もみ玉の制御もまた、これに追随します。

現在の製品では、もみ玉は2000分の1秒単位で制御されており、動く範囲や位置などの微細な調整が行われています。立体的なもみ玉の動きを制御することで、どの程度まで繊細な作業が可能なのでしょうか？

Trivia

実は、かなりのレベルまで「人間の手」と遜色のない動きが可能になっています。パナソニックではデモンストレーション用に、書家が習字をする際の腕の動きをトレースし、マッサージチェアに組み込まれた機構で再現することも行っています。

現在のマッサージチェアは、ほとんど「ロボット」とよべる段階にまで進化しています。逆にいえば、それほど精緻な動きができる機構でなければ、人の手によるマッサージを再現するのは難しいということなのです。

「手のぬくもり」をどう再現するか

マッサージチェアにおいて、メインのマッサージ手法は、もみ玉を使ったものです。しかし、マッサージ全体の満足度を上げるために、他にもさまざまな機能がつけ加えられており、特に高級機種は、文字どおり「いたれり尽くせり」のマッサージ手法を実現しています。

現在のマッサージチェアのもみ玉には、「温感機能」を備えたものが登場しています。人によるマッサージでは、「手のぬくもり」が伝わってくることも心地よさに反映されています。筋肉をほぐす上で、心地よい温かさは重要です。もみ玉を温めることで、手のぬくもりを再現しているわけです。

ポイントは、いかに人肌に近い温度を実現するかにあります。実は、「適度に温める」のは簡単ではなく、暖房器具のように単純に温めても、指圧時に気持ちよく感じるとはかぎりません。熱すぎたのでは不快です。

マッサージチェアは、服を着たまま使うことが多いため、「服の上からでも温かさを感じる」「厚着でも薄着でも温かさがわかる」、しかし「熱すぎない」という絶妙な調整が必要になります。現在、パナソニックの製品が備える温感機能は、もみ玉そのものを支えるディスク状の軸部分にヒーターを設置し、その温め方を精密にコントロールすることで実現しています（図3－18）。

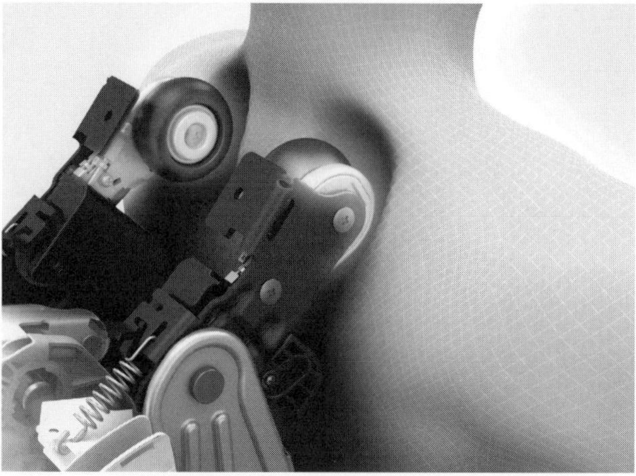

図3-18　もみ玉を温めるしくみ　人肌に近い温感でより心地よく筋肉がほぐされる。

心地よさを向上させるもう1つの要素が「ストレッチ」です。マッサージを受ける際に、体を伸ばしてもらうのは気持ちがいいものですよね。マッサージチェアのはたらきは「圧をかける」ことがメインではありますが、マッサージ全体の満足度を考えると、ストレッチ機能はぜひ欲しいところです。これを実現するために搭載されているのが「エアーバッグ」です（図3－19）。

マッサージチェアは、揉み位置を確定するためにまず体の状況を計測しますが、同時に、サイドのエアーバッグで体を固定するようになっています。たとえば、肩甲骨の周辺をストレッチするときには、肩をエアーバッグで固定し、もみ玉を動かすことで「伸ばす」動作を再現します。また、腰の横をエアーバッグで固定し、お尻の下にあるエ

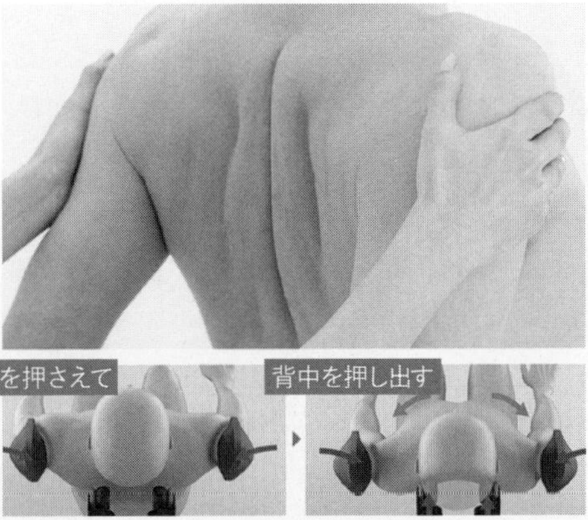

図3-19　エアーバッグを使ってストレッチ機能を実現　肩甲骨の周辺を伸ばす動きを再現する。

アーバッグを膨らませることで、お尻を圧するような動きも可能です。

Trivia

高級機種には、手や足のマッサージ機能もついていますが、ここでもエアーバッグが重要な役割をはたします。足裏の刺激については、足のサイドのエアーバッグをうまく動かすことで、足裏にある突起が「足裏を刺激している」かのように感じられる効果を生み出しています。足裏にはヒーターも入っていて、温感効果も併せて使われます。

手の場合には、エアーバッグで指圧効果を狙いますが、形状の工夫によって親指や小指の付け根をうまく圧迫することで、「手によってマッサージしている」ような効果を生み出しています。

マッサージの効果は、複合的な要素によって生み出されます。もみ玉だけで再現できるわけでも、温感だけで効果が上がるものでもなく、エアーバッグがあればそれですむ、というものでもありません。それらが密接に絡み合い、同時にはたらくことで、プロの手技を再現することを目指しています。

どの部位を、どの順に、どう揉まれると心地いいのか——これを1つの流れで再現するために、開発チームはそのプロセスを「ストーリー」とよんでいるのです。現在のマッサージチェアがどれだけ複雑な動きをしているかは、内部の機構を見れば一目瞭然です。パナソニックは、同社のマッサージチェアの動きをウェブ上で動画として公開しています。

設計難度の高い家電

最後にもう1つ、マッサージチェアにとって重要な要素を紹介しておきましょう。

「座り心地」です。マッサージチェアも1つの椅子であり、しかも、かなり高額な部類に入ります。日常的に座っても快適であることが求められますし、座り心地のよさがマッサージにプラスに働くよう考慮されている必要もあります。堅牢な構造であることに加え、クッション性やデザイン面も重要です。その上で、内部に複雑な構造を収納しなければならないことを考えると、実は設計難易度のかなり高い家電なのです。

機能が増える高級機種ほど、どうしてもサイズが大きくなる傾向にあります。椅子としての使い勝手を考慮すると、それをある程度防ぐことも重要です。マッサージチェアは、「生活の質を上げるためのぜいたく品」であり、消費者のニーズにより合致した開発が重要視されています。

13

トイレ

急速に進化する新しい家電

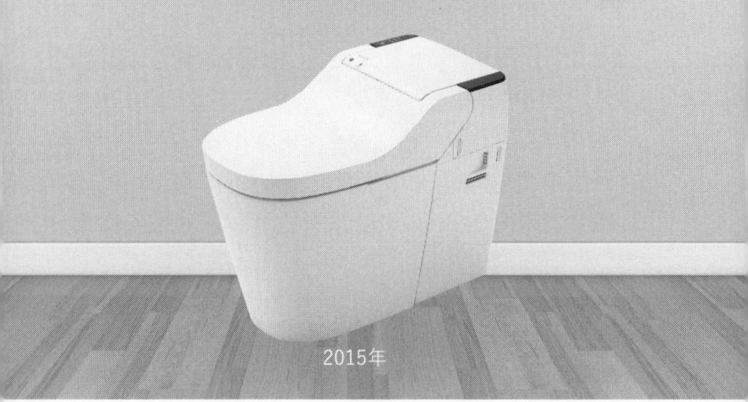

2015年

トイレが家電!?——違和感を覚えている人もいるかもしれません。確かに、かつてのトイレは、あくまで水回りの設備の１つという位置づけでした。

しかし、現代のトイレは自動で水を流して便器を洗浄し、便座を温めて冬の寒い朝でも心地よく使わせてくれ、さらには温水洗浄や脱臭の機能を備え……と、十分に「家電」とよべるだけの要素を備えています。特に近年は、スピーカー内蔵で用便中に音楽を聴くことができたり、排泄物の色などから健康状態を推測する機能をつける検討が始まっていたりするなど、より家電的な色合いを強めながら進化をつづける製品に変貌しています。

「重力の力で水を流す」が基本原則

最初に、トイレ、特に洋式便器の構造を確認しておきましょう（図3－20）。

一般的には、腰掛ける部分を「便座」、その下部を「便器」とよびます。多くの便座はプラスチック製で、ヒーティングや温水洗浄などの機能の多くは座面に搭載されています。

便器には、硬く、汚れに強くて掃除のしやすい陶器が広く使われています。しかし、すべての便器が陶器製というわけではなく、パナソニックは同社の「アラウーノ」シリーズで、有機ガラスを便器の素材に採用しています。

水洗便器では、汚物を流すための水を貯めるタンクが必

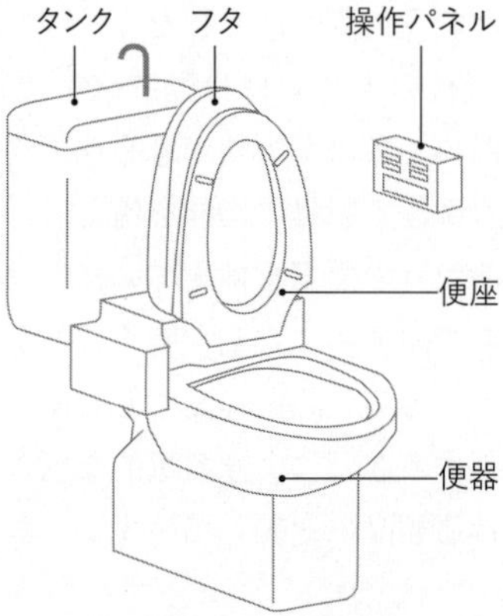

図3-20　洋式トイレの基本構造

要です。多くの場合、便器の外に大きなタンクを設け、そこに水を貯めています。しかし、タンクは、狭いトイレをさらに狭く感じさせる"邪魔物"でもあります。最近は、タンクを外に用意せず、水道に直結したタンクレスのトイレが増えており、アラウーノもそのタイプです。

Trivia

便器内には、つねに一定量の水が貯まっています（図3－21）。この水によって、下水側から臭気が上がってくるのを防ぎ、汚物が便器に付着することも妨げます。流す際には、さらに大量の水を入れて、便器内にたまった水と汚物を一気に下水へと押し流すしくみです。流した水と汚物が逆流しないよう、内部の経路が工夫されています。

排水路の直径を大きくすれば流れはスムーズになり、つまりにくくなりますが、使用する水の量が増えることか

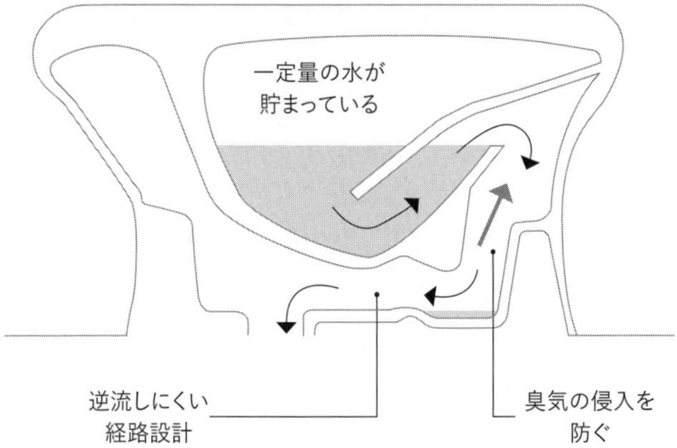

図3-21　便器の内部構造

ら、一定以上に大きくすることはできないという制約を抱えています。

以前には、水が落ちる勢いだけで洗い流す製品もありましたが、現在は多くのトイレで「サイフォン」のしくみが使われています。サイフォンとは、高さが違う位置に置かれた液体の入った容器どうしを管でつないだ際に水にかかる重力の力を使って、高いところにある容器から低いところにある容器へと、効率的に液体を導く装置です。ポンプの動力を必要としない利点があり、身近なところでは灯油ポンプなどに使われています。

タンクと便器の内部、そして便器の「水たまり」と排水管の間でサイフォンの原理を使うことで、より静かに、より効率的に排水できるようになっています。

このようなしくみ上、水洗便器そのものは、タンクへの水供給など一部の例外を除き、従来はほとんど「動力」を必要としませんでした。水洗便器そのものは決して、「家電的」な存在ではなかったのです。

1960年代に「家電化」の萌芽が

トイレの「家電化」の口火を切ったのは、いずれもセンサーが重要な役割を果たす、便座のヒーティング機能と温水洗浄機能です。

座面にヒーターを入れて温めるヒーティング機能は、便座に座ったときの快適さを一気に高めてくれました。かつては単純に温めるだけのものが主流でしたが、不使用時まで温めつづけるのは電気のムダに他ならないため、現在は高級機種を中心に、トイレに人が入ってきたことを赤外線センサーで感知して急速に温め、使用後はすぐにヒーターの電源を切るタイプが主流になっています。

温水洗浄機能は、排便後に温水で肛門を洗浄し、清潔さを保つものです。もともとは医療用でしたが、1960年代の日本で、家庭用としての製品化が始まりました。本格的に普及したのは、1980年にTOTOが「ウォシュレット」の名称で積極的な製品展開を行って以降のことです。現在も、温水洗浄便座＝ウォシュレットというイメージでとらえている人が多いかもしれません。

1980年代になって温水洗浄便座がヒットした背景には、センサーを組み込み、お湯の温度を調節したり、着座位置からお湯を当てる場所をコントロールしたりといった、より高度な制御機能が搭載されたことがあります。内閣府の消費動向調査によれば、温水洗浄便座の一般世帯普及率は77.5％に達しています。水洗化が終わっている家庭の場合には、大半が温水洗浄便座を採用している計算になります。

Trivia

日本ではこれほど普及している温水洗浄便座ですが、アメリカやヨーロッパではほぼ見かけることがありません。①日本とは違って、トイレ内にコンセントを備えた家庭がほとんどないこと、②製造しているメーカーの多くが日本企業で、海外では実際に体験したことのある人が限られていることなどが、普及の妨げとなっています。

欧米、特に南欧を中心に、便器とは別に陰部を洗浄するための「ビデ」とよばれる器具がトイレに併設されていることも多く、それとの棲み分けも普及に向けた課題となっています。「ビデ機能」が備えられている製品もありますが、これは、欧米のビデを温水洗浄便座で再現することを目的としたものです。

旅行などで訪日した人たちの間で、温水洗浄便座の利便性の高さを評価する声が広まっており、時に「クールジャパンの1つ」と言われるまでになってきています。中国からの観光客の中には、お土産の1つとして、外づけ式の温水洗浄便座を買って帰る姿も多く見かけられるようになっています。やがては海外のトイレも、家電化への道を歩み出すかもしれません。

「汚れにくい」素材と形状に進化

「トイレの作り」という観点から、「より家電的」なアプローチを試みているのがパナソニックです。

先述のとおり、多くのメーカーが陶器で便器を作っているなか、パナソニックは有機ガラスを素材として採用しています。また、便器の構造も他社とは異なり、水の流れる力だけで汚物を流すしくみにはなっていません。

同社が陶器で便器を作らなかった背景には、陶器の製造ラインをもっていなかった……という現実的理由もあるのですが、それ以上に「つねに清潔に保つ」「きれいに掃除しやすい」という2点を重視したことがありました。実は、便器に対する消費者からの要望のほとんどが掃除に関わるものだからです。各社の便器は、共通してまず清潔面が検討されますが、アラウーノでは特に、差別化点として、洗浄に関する部分により力点が置かれています。

Trivia

便器の素材として陶器が広く使われてきた理由は、硬く丈夫で壊れにくいこと、安価な素材の割に高級感があり、汚れもつきにくいことなどでした。特にトイレは、硬いブラシでこすることも多いため、表面が硬く頑丈な陶器は、最適な素材といえました。しかし、「汚れのつきにくさ」という観点からは、より有利な素材があります。有機ガラスがその１つです。

「ガラス」とよばれてはいるものの、ケイ素からできた通常のガラスとは異なり、有機ガラスは透明な樹脂素材です。アラウーノに採用されているのはアクリル樹脂の一種で、ガラスと同程度の強度があります。

有機ガラスを選んだ理由について、開発担当者は「水垢の付着防止」を挙げます。陶器のツルツルとした表面には、ケイ素、すなわちガラスと同じ成分が多く含まれており、水垢がつきやすい性質をもっています。こまめに掃除をしないと水垢が残るため、ブラシ掃除が必須でした。

アクリル樹脂である有機ガラスは、陶器に比べて水垢に強いという特徴があります。水垢は樹脂に浸透せず、「表面に乗る」だけなので、水を流したり軽く洗ったりするだけで除去することが可能です。同時に、掃除をしやすくするために、形状にも工夫を施しています。一般的な便器に比べ、形状をよりシンプルにすることで、簡単な拭き掃除でよりきれいに汚れが落ちるよう設計されています。

アラウーノには、洋式便器につきものの「水タンク」がありません（図3-22)。水道に直結されているので、従来の水洗便器より精密な製造・設計が必要です。

この設計に際して、陶器よりも樹脂である有機ガラスのほうが、素材として有利なのです。一般的なトイレの便器は、「1つの大きな陶器のパーツ」からでき上がっています。効率的に作製できるためですが、焼き固めるという製法の都合上、陶器には時に1cm単位で寸法や形状が変わることがありえます。

これが樹脂ならば、一般的なプラスチック製品がきわめて高い精度で製造されていることからわかるように、より高品質での製造が可能です。各種家電機器の外装を作る要

図3-22　洋式トイレにつきものの「水タンク」がないタイプ　シンプルなトイレ空間を実現できる。

領で、素材だけを変えて製造できることが、アラウーノの利点です。パナソニックが手がけるアラウーノは、その意味でも「家電的なトイレ」と言えます。

加工精度の高い樹脂から作ることで、便器の形状はより自由度が高くなります。陶器で作られた便器には「折り返し」や「角」が多く、それらの部位に汚れがたまりやすい傾向があります。また、樹脂で作る便座と陶器で作る便器が別のパーツである関係上、両者の継ぎ目にも汚れがたまりやすくなります。

どちらも樹脂で作られるアラウーノの場合には、構造を一体化することで、「折り返し」「継ぎ目」が汚れやすい部分にこないような形状を実現しています。したがって、陶器製の便器のようにゴシゴシ拭き掃除をする必要はなく、サッと拭くだけで清潔に保てるメリットがあります。有機ガラスを使用することによるこの特性は、他社の便器でも採用されはじめており、「よりシンプルで掃除しやすい」形状のトイレが徐々に増えてきています。

消費電力をはるかに上回る「節水」を実現

アラウーノの場合、洗浄や排水のしくみに関しても、他社とは異なるしくみを採用しています。

一般的な洋式便器は、便器の中に水を貯め、それで下水からの逆流や臭いに「フタ」をする構造になっています。シンプルではありますが、配管の経路が長くなるぶん、水と汚物を流しきるために必要な水の量が多くなる欠点を抱えています（221ページ図3-21参照）。

一方、アラウーノでは「ターントラップ方式」とよばれる、よりシンプルな形状が採用されています（図3-23）。水がつねに便器の中に貯まっていて、それによって汚れの付着を防止するしくみは変わりませんが、排泄物を流す際には水をせき止める「トラップ」が反転し、汚水を回転させつつ一気に勢いよく排出します。

トラップを回すことからターントラップ方式と名づけられていますが、「排水ボタンを押すとトラップが動く」機構に電気が必要です。この点で従来の製品より消費エネルギーがかさみますが、経路が短く一気に流すことで水の消費量を抑えることができ、節水を実現しています。

パナソニックの試算によれば、一般家庭用の水洗トイレの場合、20年前のトイレ（13Lタイプ）では年間約2万700円の水道代がかかっていましたが、同クラスのアラウーノでは、年間約6200～6700円ですむとしています。タ

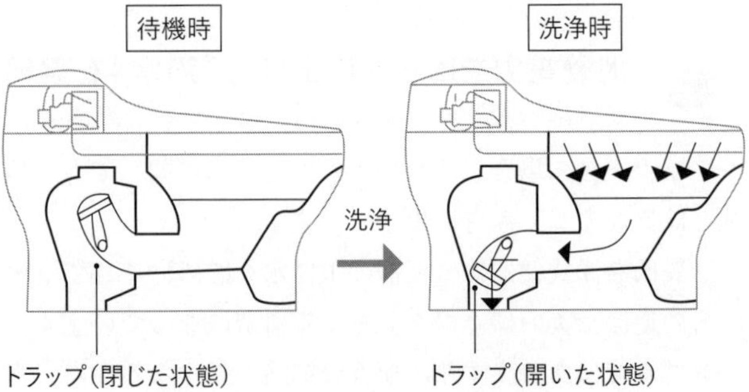

図3-23　ターントラップ方式の便器

ーントラップに消費する電力は年間数十円程度ですので、トータルで見れば支出は抑えられます。

トイレ研究に不可欠な「疑似便」

洗いやすさ・汚れのつきにくさという点で、アラウーノにはもう1つ独自の工夫が施されています。「泡」の活用です。

トイレの汚れは、汚物のこびりつきが原因です。便器にこびりつかないように配慮すれば、そのぶん汚れにくくなります。

トイレのフタは手であけるものというイメージがありますが、アラウーノでは、便座開閉ボタンを使うことが基本となっています。このボタンで同時に、「泡」を出すしくみになっているからです。

トイレに汚れがつく原因の1つに、排泄物が便器内に貯められた水に落ちる際に、落下の反動で水が跳ねて付着することが挙げられます。アラウーノは、これを防止するために、トイレの開閉ボタンに連動させる形で、内部の水の上に自動的に泡の膜を作るよう設計されているのです。泡がクッションの役割をはたすことで、飛び跳ねによる汚れの付着を防止しています（図3－24）。

この泡は、便器の洗浄にも使われます。直径約5mmの「ミリバブル」と、洗剤が入った直径約60μmの「マイクロバブル」の両方が生成され、水とともに流されることで、汚れをかきとるしくみになっています。

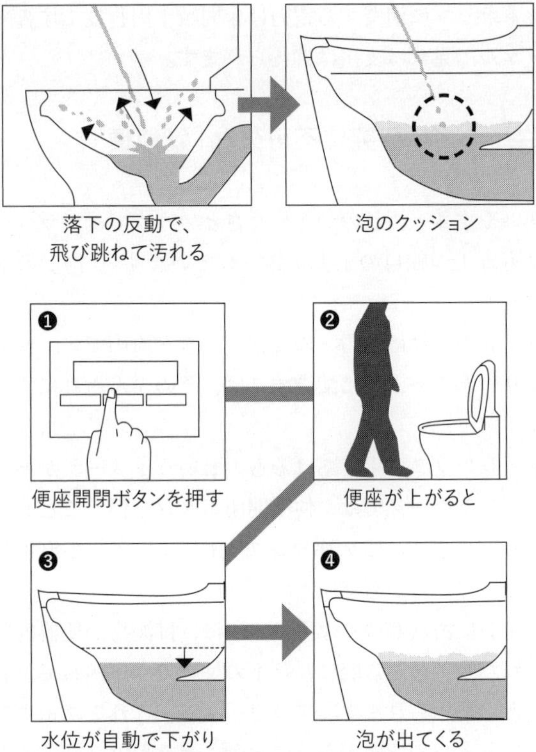
落下の反動で、
飛び跳ねて汚れる
泡のクッション
❶
便座開閉ボタンを押す
❷
便座が上がると
❸
水位が自動で下がり
❹
泡が出てくる

図3-24　飛び跳ね防止の泡

Trivia

泡の作製には、家庭用の食器用合成洗剤を用います。人間から出る汚物には油が多く含まれており、それを流す上で、油汚れに強い食器用合成洗剤がきわめて有用だからです。あらかじめタンクに入れておくことで、水を流す際に自動的に混ぜて使われるしくみに

なっています。

このような工夫をさまざまに考慮するトイレの開発過程では、「いかに想定どおりに流れるか」をテストすることが非常に重要です。とはいえ、テストのたびに実際に排泄物を流すわけにもいきません。

研究・開発段階では「便に似たもの」すなわち疑似便を出す機器を用意し、流れ方や汚れのつき方などを分析しています。日々の体調や体質によって、便の形状や性質もさまざまに変化します。あらゆる状況に対応するためには、多彩な「疑似便」を作り、開発中の便器でどう流れるのか、確認する必要があります。

Trivia

擬似便の作製には、各社独自のノウハウがあり、社外秘とされています。開発者はそれぞれのノウハウを活かして理想の疑似便を作り、日々トイレの改良に取り組んでいるのです。

#14 電気給湯器（エコキュート）

オフピークを活用する省エネ家電

2015年

最近建築された住宅の場合、給湯器が「エコキュート」になっているものが増えています。エコキュートとは、電気を使った給湯器のうち、一定の条件を満たしたものを指します。特定の製品の名称ではなく、同様の条件を備えたものの総称です。主として、日本の電力会社や家電メーカーが共同で利用する愛称です。

給湯器は文字どおり、加熱して沸かしたお湯を家庭内に供給するための機械で、電気式だけでなく、ガス式や灯油式など、さまざまな熱源を使った製品が存在します。エコキュートは電気によるもので、お湯を貯めておく機能を備えていることでいつでも温かいお湯を使うことができ、しかも、トータルでは省エネでエコになるものを指します。「エコな給湯」だからエコキュートという名称になっているわけです。エコキュートは2001年に発売されて以降、特に国内で広く使われるようになっています。ガスや灯油を使わない「オール電化」システム型の住宅の増加に伴って、普及が進みました。2014年1月現在で、全国では400万台のエコキュートが使用されています。

ピークシフトで「社会にも家計にもエコ」

エコキュートの基本的な考え方は、2つのポイントに絞ることができます。

1つめは「より効率よく電力を使える時間にお湯を沸かす」ことです。

電力需要は一般に、人々の活動が活発な昼間に高まり、夜間には低下する傾向にあります。「だったら夜は、発電量を大幅に減らせばいいじゃないか」と考えがちですが、「大規模な電力を効率的に生み出す」ことを最優先して作られている発電所の構造上の理由から、出力をひんぱんに変更することは容易ではありません。

需要のピーク時に電力不足にするわけにはいかないので、発電所はつねに、需要が最も多い時間帯に必要な電力を想定して発電をつづけています。つまり、昼間の需要に合わせて電力を用意することで、夜間には「余力をもてあましている」状態にあるのです。

こんどは「だったら貯めておけば……」と思いますが、そうもいきません。電気は効率的に貯蔵するのが難しい性質をもっています。ごく小容量ならば電池などが使えます

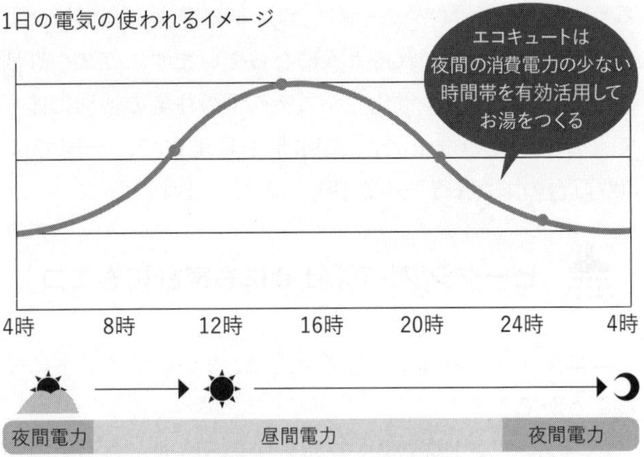

図3-25　電力のピークシフトを活用する

が、街全体をカバーするような量となると、小さなロスで蓄電するのはきわめて困難で、貯めておいても結局はムダが生じてしまうのです。

そこで登場するのが「ピークシフト」という考え方です(図3－25)。本来は昼間に上昇する電力需要のうち、移動可能なものをオフピークの時間帯にずらしてもらい、ピーク時の電力需要を減らしつつ、余裕ができる時間帯の電力を有効活用しよう、というものです。最近は、大都市の公共交通機関の混雑緩和のために「オフピーク通勤」が推奨されることがありますが、これと同様の発想に基づいています。

Trivia

電力各社は、特に余裕が多い夜間の電気料金を安く設定しています。エコキュートでは、一日に使う量の

> **お湯を夜間の安い電力を使ってあらかじめ沸かしておき、保温しておくしくみになっています。通常ならムダになってしまう電力を活かすことで「社会全体に対してエコ」であり、お湯を沸かすために必要な電気代が安くなるために「家計に対してエコ」でもあります。**

大量のお湯を貯蔵するためにはどうしてもボディが大きくなってしまう欠点はありますが、いちいち沸かす必要なくいつでもすぐにお湯が使える利点は大きいものです。

二酸化炭素を使う「ヒートポンプ」

もう1つの特徴は、お湯を沸かす際に「ヒートポンプ」を使うということです。

もうお馴染みですね。ヒートポンプは、冷蔵庫やエアコンにも使われる技術で、「熱交換」のしくみを利用します。冷蔵庫で冷やすために使われている技術と、基本的な構造は変わりません。

ヒートポンプは、冷媒（熱媒）が圧縮したり膨張したりする際に生じる発熱・吸熱現象を活かした機器です。ある部分が冷える際には、そのぶんの熱が別の場所に移動しているということであり、温めるか冷やすかは、使い方次第なのです。

特にエコキュートでは、冷媒として空気中に含まれる「二酸化炭素」を活用します。というよりも、正式名称が「自然冷媒（CO_2）ヒートポンプ給湯機」ですから、冷媒に二酸化炭素を使ったものだけを「エコキュート」とよぶ、というのが正確です。冷媒としての二酸化炭素は、エアコンや冷蔵庫に使われているものに比べて効率では劣りますが、ありふれた物質であり環境に悪影響を与えることもありません。

Trivia

エネルギーの利用効率という観点からも、大気がもっている熱を取り込んでお湯を沸かす際に活用することが可能なため、高効率であるというメリットもあります。熱源としてヒーターを使用する電気温水器の場合は、お湯をすべて電気の力で沸かしますが、大気の熱を使うエコキュートのヒートポンプでは、お湯を沸かす熱量のうち、大気熱を 2、電力を 1 の割合で利用します。計算上、純粋な電気温水器に比べ 3 倍の効率なのです。

ただし、大気熱を活用する関係上、ヒートポンプの効率は、気温の高い夏場に比べて冬場には低下します。季節によって電気代が変動することを認識しておきましょう。

その熱を逃すな！

エコキュートは、「お湯を沸かすエネルギーを節約する」機器です。すなわち、熱をムダなく利用するしくみが最も重要となります。ポイントは、熱をいかに確実に水に伝えて「お湯」にするかにあります。

そのための工夫には、2つの方向性があります。

1つが「熱交換器」の工夫です。エコキュートは、ヒートポンプによる熱交換のしくみを使って水を温めます。ヒートポンプはエネルギーの有効活用という点では利点の多いしくみですが、一方で、ガスで沸かすように、一気にお湯を大量に作ることはできません。

ヒートポンプ内の「熱交換器」を使って水道から供給された貯湯ユニットの水を温め、ふたたび貯湯ユニットへと貯める構成になっているためです（図3－26）。

このとき、熱交換器が少しでも効率よく熱を水に伝えられることが重要です。パナソニックのエコキュートの熱交換器は、水管の中に冷媒が通るパイプを2本挿入して、そのパイプに工夫を加えています。熱を水に伝えるには、水が冷媒の通るパイプに触れる面積、すなわちヒートポンプからの熱に触れる面積が広いことが重要になります。

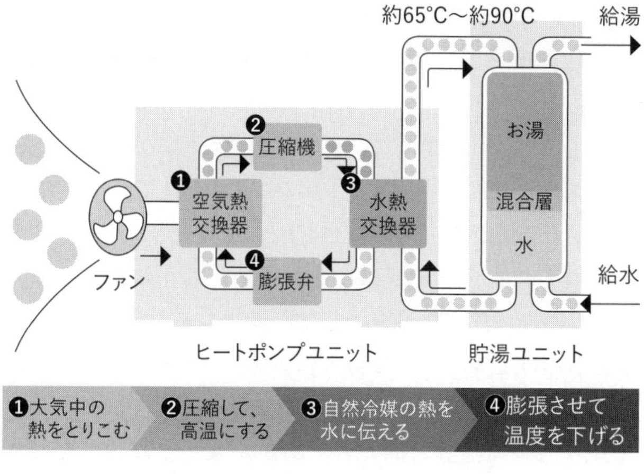

図3-26　エコキュートでお湯を温めるしくみ

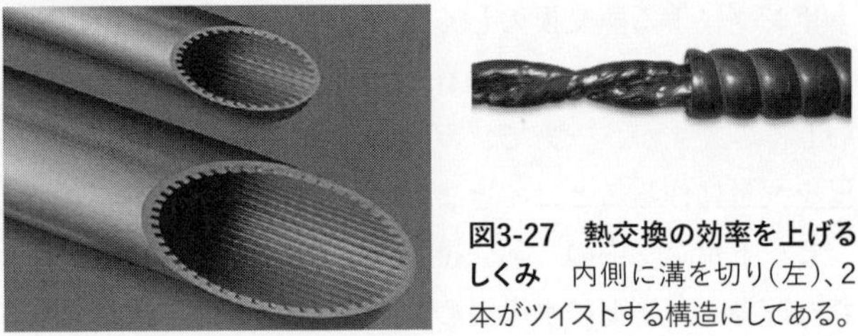

図3-27　熱交換の効率を上げるしくみ　内側に溝を切り（左）、2本がツイストする構造にしてある。

そのため、冷媒が通るパイプは、内面に溝を切った上で2本がツイストする構造になっており、同じ体積の中でできるだけ広く熱に触れられるようになっています（図3-27）。きわめて複雑な構造ですが、丈夫であることが求められるため、パイプの断面は均一な厚さでなければなりません。加工技術にも当然、高い精度が要求されます。

もう1つの工夫として、2012年からパナソニックが導入しているのが「ぬくもりチャージ」という機能です。ぬくもりチャージとは、「お風呂の残り湯の熱を再利用する」しくみです。

前述のように、エコキュートは水道からの水をいったん貯湯ユニットに貯め、ヒートポンプで沸かした上で、貯湯ユニットに「お湯」として再貯蔵するしくみになっています。ぬくもりチャージは、これに加えて「お風呂の残り湯」の熱を、熱交換器を通じて貯湯ユニット内の「水」に与えるわけです。そこで得られる熱のぶんだけ、お湯を沸かすためのエネルギーが節約できます。

「残り湯を使う」と聞くと、あたかも「そのお湯そのもの」が貯湯ユニットに移されて再利用されるような印象を受けますが、実際には熱交換器によって残り湯の「熱」だけが取り出されるしくみです。衛生面の心配はまったくありません。

Trivia

開発担当者によれば、ぬくもりチャージによって、翌日のお風呂のお湯張りに使う熱の最大約１割にあたる熱量が回収できます。技術的には、もっと多くの熱量を取り出すことも可能ですが、ヒートポンプは「ぬるいお湯をさらに温める」のが苦手な性質をもっており、熱を回収しすぎることでかえってお湯を沸かす効率が低下してしまいます。１割という回収量は、両者のバランスをとった最適解なのです。

「熱くも冷たくもない水」を活用

貯湯ユニットの中には、水とお湯の両方が入っています。両者の比重が異なるため、熱いお湯はユニットの上部に、冷たい水はユニットの下部へと自然と集まります（図3－28）。

お湯と水が混ざると平均的な温度が下がってしまうため、貯湯ユニットの内部は、可能なかぎりお湯を「攪拌しない」しくみになっています。お湯は最高で約90度まで温まっていますが、水とお湯の間にある「中間層」（混合層）では、そこまで熱くはありません。ぬくもりチャージで温まった水はこの中間層に入るしくみになっていて、高い温度が必要ない場合には、熱い上部からではなく、中間層に近い部分から、積極的にお湯を取り出して使うよう工

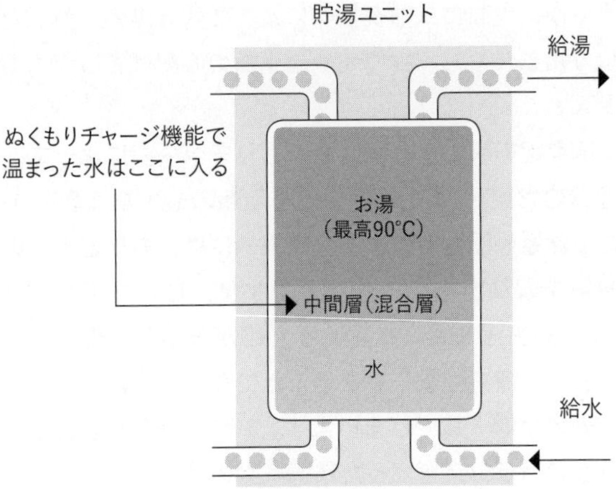

図3-28　貯湯ユニット内のお湯の分布

夫されています。

せっかく貯めたお湯の熱が、貯湯ユニットから逃げてしまったのでは意味がありません。貯湯ユニットは、グラスウールなどで作られた真空断熱材で覆われており、周囲の温度変化に影響を受けにくい設計になっています（図3－29）。

Trivia

開発担当者によれば、エコキュートに使われている真空断熱材は本来、冷蔵庫のために開発されたものです。かたや冷やすため、かたや温めるための機器ですが、「熱の移動を防止する」という意味では、必要とする技術はどちらも同じだったというわけです。

断熱材以外にも、お湯が不足したり、入浴時に温度が低くなったりしないようなしくみが備えられています。毎日お風呂でお湯が大量に使われ、温度が低下する時間帯を機

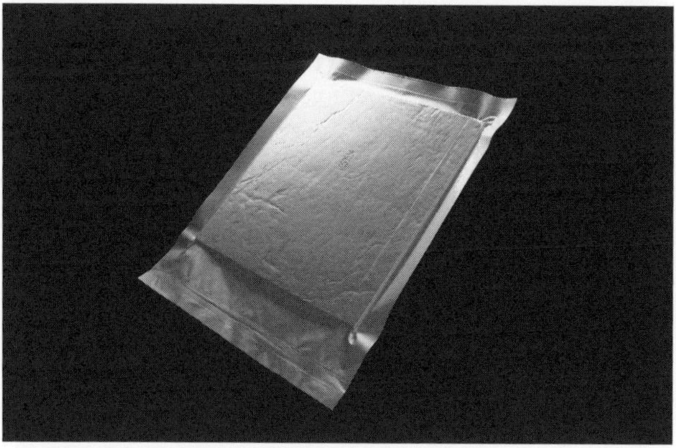

図3-29　冷蔵庫と共用の真空断熱材

械の側が覚えておき、その時間に合わせて「熱いお湯を多く用意する」しくみになっているのです。エアコンに採用されている人感センサーと共通する設計思想です（174ページ参照）。

「快適なシャワー」を生み出すリズム

エコキュートの特徴は、貯湯ユニットに大量のお湯と水を貯めておくことです。ここには、メリットとデメリットの両方が存在します。

Trivia

メリットは、家庭内に巨大な「貯水タンク」を用意しているのと同じ効果があることです。貯湯ユニットには、370～470L程度のお湯が確保できます。大地震などの災害が起き、水道網に問題が発生したような場合でも、貯湯ユニット内の水を生活用水として活用できます。ただし、エコキュート内の水は飲食を目的とはしていないため、飲食以外の用途に使うほうがいいでしょう。

一方、400L近い水を貯めるためには、巨大なタンクが必要です。大地震などで倒れると大きな被害につながる可能性があります。その対策として、貯湯ユニットは非常に堅牢に作られており、綿密な振動対策も施されています。パナソニックの製品では、震度7相当の揺れに耐えるよう貯湯ユニットを設計しています。

内蔵された減圧弁で貯湯ユニットに一定の圧力でお湯を貯めるため、「水圧が下がる」というデメリットもあります。水道は貯水池から、かなりの水圧をかけて送られてきます。しかし、エコキュートではお湯を貯める目的から、いったん水をタンク内部に貯めてしまう結果、水道から直接得られる水圧に比べ、最大水圧で劣ることが多いのです。

このため、「シャワーの勢いが弱い」などの欠点が生じる場合があります。ガスなどで一気に沸き上げた場合には、水道の水圧をほぼそのまま活かせるため、このようなデメリットは生じません。

ただし、パワフルな高圧タイプのエコキュートも用意されており、たとえば3階建て住宅などの上層階でも快適なシャワーが使用できるようになってきています。

他方、水圧を上げることとは別のアプローチで、快適なシャワーの実現に取り組んだ機能もあります。シャワーのお湯の出方を、意図的に「変動させる」しくみです。パナソニックが「リズムｅシャワープラス」と名づけた機能では、シャワーの流量を1分間に120回、2L程度変化させるとともに、温度も約40秒周期で変化させています。

こうすることで、体にはリズミカルにお湯が当たることになり、単純に強い水圧のシャワーを浴びているよりも快適に感じるようになります。また、お湯の使用量を減らすことにつながるため、水量については最大で約10％、エネルギーについても最大で約20％程度節約することが可能です。この制御もまた、風呂場に人がいることを感知して作動します。

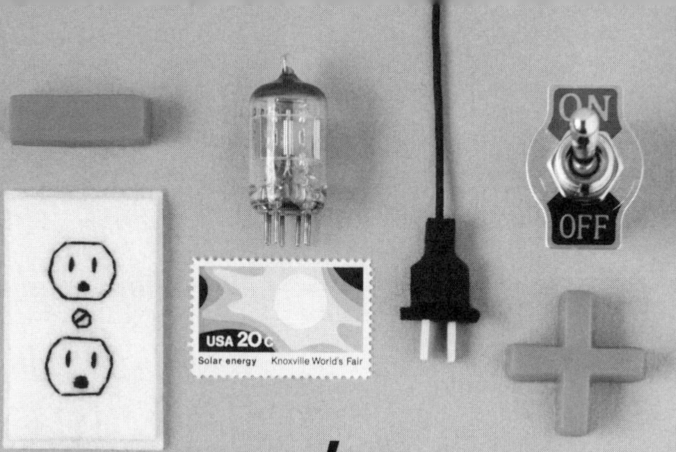

第4章

暮らしのエネルギーを支える家電

#15

電池

デジタル機器が進化を促す「縁の下の力持ち」

1954年 >>>>> 2015年

一次電池と二次電池

電池は、私たちの生活に欠かせないエネルギー供給源です。電力網がないところで使う電気機器にはもちろん必須ですが、実は電池には、非常に多様な種類があります。私たちはふだん、あまり意識することなく、さまざまな電池を使い分けて生活しています。

電池は「電気を供給するもの＝電源」ですが、私たちが日常「電池」とよぶものは、基本的には「化学電池」の仲間です。化学電池は、物質の化学反応を利用して電気を生み出すものの総称であり、形状や素材によっていくつもの種類があります。水素などから電気を取り出す「燃料電池」も化学電池の一種ですが、電力を取り出すためのしくみが異なることから、一般的な電池とは区別されています。

他方、化学反応を使わない電池を「物理電池」とよびます。最も一般的な物理電池は「太陽電池」です。太陽電池については次項で詳しく解説します。

その他、複数の金属や半導体を使って熱を電力に変える「熱電池」や、放射性元素の原子核崩壊に伴うエネルギーを電力に変える「原子力電池」などが物理電池に分類されます。

ここで紹介するのは、化学電池の中でも最も種類が豊富で一般的な、「放電」のしくみを使ったものです。「充電できるか否か」によって通常は2種類に分類されますが、それぞれ素材は異なっても、電気を取り出すためのしくみは

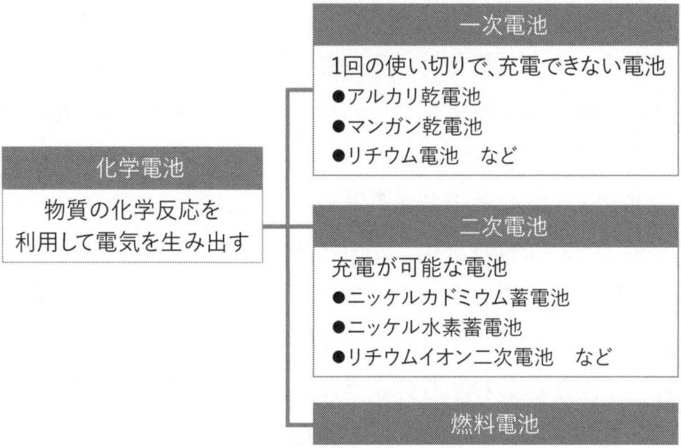

図4-1　化学電池の3分類

共通しています。

充電できない電池を「一次電池」と言います。一般に、乾電池はすべて一次電池です。他方、充電が可能な電池を「二次電池」と言い、充電池または蓄電池などともよばれます。前出の燃料電池と合わせ、化学電池は3つのジャンルに分かれているわけです（図4－1）。

電気はどう生まれるか

まずは一次電池から、基本的な構造を確認していきましょう。

一次電池、二次電池ともに、「プラス極」と「マイナス極」、そして「電解液」の3つの要素から構成されるのは共通しています。電解液に溶けやすい金属をマイナス極とし、それを電解液に浸けると、金属が液体に溶け出し、同時に電子が導線を伝わってマイナス極からプラス極へと流れます。プラス極では、移動してきた電子が電解液中のイオンと結びつく結果、プラス極とマイナス極の間に電流が生まれる（＝放電する）わけです（図4－2）。

電流を流す駆動力である「電圧」は、プラス極とマイナス極にどんな材質を使うかで決まります。電極に使う材質で電圧が決まるのが一般的です。電解液は、この反応を促進するための役割をはたします。

Trivia

図からおわかりのように、電池のしくみそのものはきわめてシンプルです。食塩水を電解液にして、十円玉をプラス極に、一円玉をマイナス極にするだけで、

電池ができてしまうほどです。実は、原始的な電池は2000年以上前から存在した、と言われています。近代的な電池は、1800年にボルタによって発明されています。

ただし、液体に金属を浸すだけでは使い勝手が悪い上に、強い電力も生まれません。試行錯誤の末、1887年に屋《や》井《い》先蔵《さきぞう》が時計用として、現在の乾電池の元になるものを発明しました。その後改良が重ねられ、現在の円筒形乾電池が生まれます。

先述の液体を使うものは通称「ボルタ電池」とよばれ、最もシンプルな電池です。実際には、電極そのものを直接反応に使うことはまれで、電極はあくまで集電に用いて、

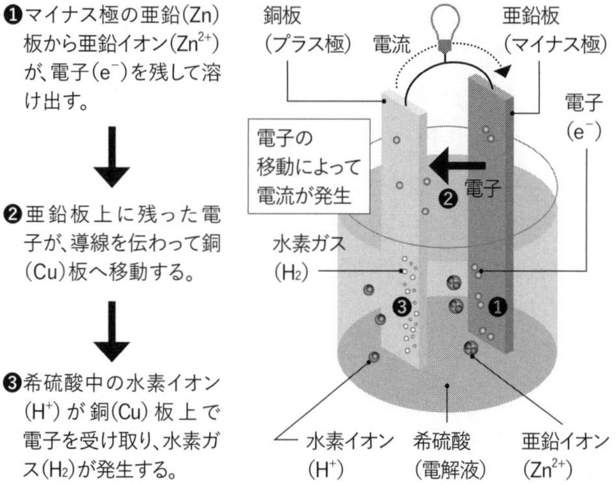

図4-2　電極間で電流が生まれるしくみ　シンプルな「ボルタ電池」の例。

反応の主体となる物質を周囲に配置し、起電させます。反応の主体となる物質を「活物質」とよび、電極は、反応の主体となるこの活物質と、活物質を保持して導電性をもたせ、集電する「集電体」などから構成されるのが主流です。

電流が流れる一方で、活物質や電極はどんどん状態が変化していきますし、電解液の性質も変わります。電池から電力が生まれなくなることを、俗に「電池が切れた」と言いますが、その実体は、反応が進んで放電できる限界を超えた状態を指します。

電気を持続的に発生させるには?

電気を継続して生みつづけるようにするには、どうしたらいいのでしょうか?

1つの方法は、電解液や電極、活物質を新しいものに入れ替えることです。といっても、必要な部分だけを入れ替えるのは大変です。乾電池は、それら構成物を1つのパッケージにして、入れ替えやすくした製品なのです。

一方で、電池のがわ(ケースと言います)などの構造物は、いちいち交換したのではムダになってしまいます。扱いが便利である一方、リサイクルをしないと資源のムダが生じやすいのが乾電池の欠点です。

通常とは逆方向に電流を流し、放電の反対の反応を起こすことで、「電池が切れた」状態を元に戻す方法もあります。切れる前の状態に戻った電池は、「発電できる量」も元の状態に復帰します。これが「充電」の正体です。

「一次電池も充電できるのでは？」と思う人もいそうですが、実際にはうまくいきません。充電する際には、かけた電力の一部が熱などに変化してしまいますし、電極や活物質の状況が「完全に元どおりになる」わけでもありません。乾電池は、“使い切り”を想定して素材や構造を採用しているため、きちんと充電できないばかりか、発熱による破裂や液漏れなどの事故が発生する可能性が非常に高いのです。

そこに二次電池の需要が生まれます。二次電池は、充電することを前提に、それに適した素材と構造を選んで作られています。乾電池に比べて製造工程が複雑で、素材が高価になる欠点はありますが、繰り返し使うことで、トータルではお得になる設計になっているのです。

携帯電話やパソコンなどは、多くの電力を数時間から数十時間で消費する、いわば“電気喰い”の製品です。このような機器は、毎回電池を使い捨てにしていたのでは成立しません。大容量の二次電池が実現したからこそ存在できる製品と言っても過言ではないでしょう。

「乾いている電池」とは？

電池には「電解液」が不可欠ですが、液体をそのまま使ったのでは、持ち運びにはとても不便です。また、液体は気温が低い地域では凍ってしまう可能性もあり、使いづらいという問題もありました。

一次電池の主流を占める「乾電池」は、その名のとおり、ケースの外側からは液体の存在を感じさせず、安全かつ簡単に扱えるようにしたものです。「乾いている電池」という名称ではありますが、完全に水分がないわけではありません。それでは「電解液」としての役割をはたせないためです。

Trivia

乾電池では、電解液を固体の材料に染み込ませたり、糊状のものにしたりすることで、液漏れなどを防止しています。本来は持ち運びのためよりも、「寒冷地でも使える時計用の電源」として開発されたものですが、やがて現在でもお馴染みのコンパクトな筒形になり、広く普及していきました。

乾電池の形状や電圧は、国際規格で定められています。「単1形」から「単6形」までは円筒形の規格であり、この他に、主に小さな機器で使うボタン型や、最近はあまり見かけなくなりましたが、角形の「006P型」などもあります（図4-3）。

図4-3　乾電池の分類　円筒形の乾電池（左）と、角形の006P型乾電池。

単３形を単１形として使う!?

円筒形乾電池のうち、単１形から単３形までは高さが同じで、直径のみが異なります。直径の違いは容量の差に直結しており、１つの電池から供給できる電力量の違いになります。

すなわち、単１形はより長く使える一方で大きく、単３形はスリムで軽い一方で容量が少なくなっています。中央の電極部の形状は同じであるため、最近は、単３形電池に取りつけて容量の小さな単１形・単２形として使う「スペーサー」も商品化されています（図４－４）。

図４－５は、マンガン乾電池の構造です。プラス極が二酸化マンガンをベースにした素材で作られ、中央に配置した炭素棒によって電気が集められます。マイナス極は亜鉛で作られ、全体を覆うケースのような形状になっています。そして電解液は、プラス極とセパレータを浸していま

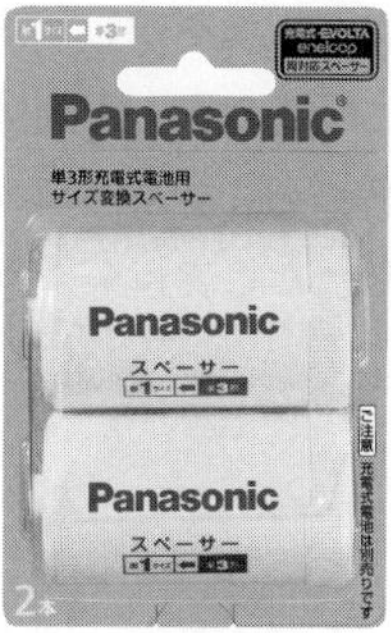

図4-4　スペーサー　単3形の電池を単1形のサイズで使用するためのタイプ。

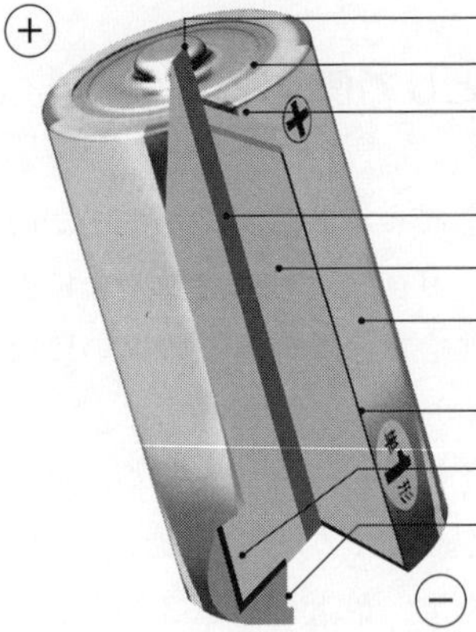

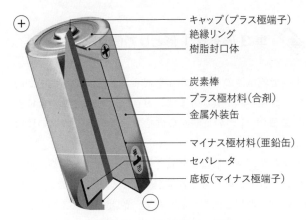

図4-5　マンガン乾電池の構造

す。

Trivia

電池の電圧は、つねに一定ではありません。ほとんどの乾電池は、出荷時には1.6Vほどの出力がありますが、使いつづけることで電圧は下がっていきます。

先ほど、「電池が切れる」のは反応が進んで電気を生めなくなった状態であると説明しましたが、実際の利用状況では「まったく電力を生めない」状態まで使い切るケースはさほど多くありません。実際には、その電池を入れて使っている機器を動かすために必要な電圧・電流を生み出せなくなったときに交換する場合がほとんどです。

アナログ機器とデジタル機器で電池を替える

電池は、使う素材や構造によって、「どれだけの時間をかけて」「どれだけの電力が」「どのように出力されるか」が異なります。使用時間の経過によって、電圧がどう変化するかを「放電特性」と言いますが、電池の種類ごとに、この放電特性は大きく異なります。

マンガン乾電池は、放電特性が「だらだら型」です（図4-6）。電圧の維持は難しく、どんどん落ちていくものの、ゼロになるまでにはかなりの時間がかかります。リモコンや懐中電灯のように低い電圧で動作する機器なら、より長く使いつづけることが可能です。実際、安価なマンガ

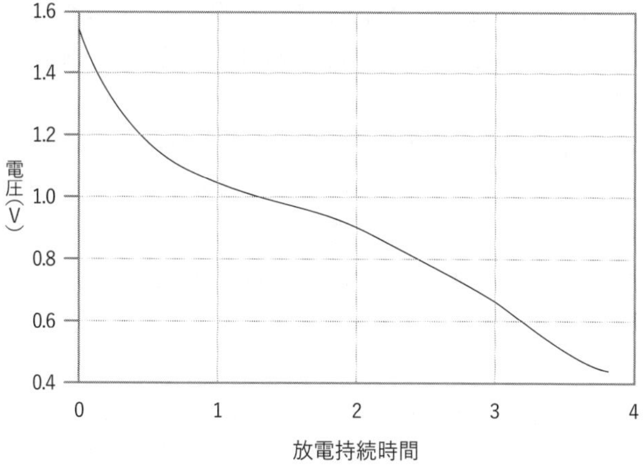

図4-6　マンガン乾電池の放電特性

ン乾電池は、そうした機器に向いています。

他方、デジタルカメラなどのデジタル機器は比較的高い電圧を必要とするため、マンガン乾電池の放電特性ではすぐに使えなくなってしまいます。

高電圧に対する要求を考慮して登場したのが通称“アルカリ乾電池”こと、「アルカリマンガン乾電池」です。アルカリマンガン乾電池では、マンガン乾電池では弱酸性だった電解質をアルカリ性の水酸化カリウム水溶液に変更しました。マイナス極の活物質として亜鉛の粉を使い、さらに、プラス極のマンガンにもより純度の高い電解二酸化マンガンを高密度に詰め込んだ結果、高い電圧を維持できるようになりました。

同じ二酸化マンガンと亜鉛を使っているため、電圧そのものはマンガン乾電池と変わりませんが、放電特性が変わり、より高い電圧の状態が長くつづくようになったことで、マンガン乾電池では満たせないニーズをカバーできるようになったのです。低電圧でも動作する機器の場合、マンガン乾電池とアルカリ乾電池では動作時間に極端な差は生まれませんが、高電圧を必要とする機器では、数倍の差が生じることも珍しくありません。

他方で、反応性を高めた結果、設計と製造にはより慎重さが求められるようになりました。

内部の電解液が外に出る現象を、「液漏れ」とよびます。液漏れはマンガン電池でも発生しますが、アルカリマンガン乾電池では、電解液をより反応性の高いものにしたことで、より確実な対策が求められるようになりました。

また、通電していないときでも、ほんの少しずつではありますが、電解液と亜鉛活物質が反応することで、水素ガスが発生して液漏れの原因になります。そのため、水素ガスを抑制するしくみを採り入れています。

Trivia

かつてはガス発生を防ぐために、電池の亜鉛負極側に微量の水銀を混ぜていました。現在は、廃棄後に環境に与える負荷を減らすために水銀の使用を中止し、インジウムやビスマスと合金化させた亜鉛を利用するようになっています。電池のパッケージに「水銀ゼロ」と書かれているのは、このことを指しています。

高価な電池にのみ許される構造

高い電圧の電力をどれだけ長く取り出しつづけられるかは、電池の重要な要素の1つです。その程度を上げることが、電池の出力効率のアップにつながるからです。

電池の出力効率は、プラス極の材料とマイナス極の材料がどれだけ「広く接しているか」に依存します。ボビン型とよばれる一般的な乾電池の構造の場合には、筒状の器の中に素材を入れる形であることから、器の内面の面積ですべてが決まってしまいます。

そこで登場するのが「スパイラル型」とよばれる構造の電池です（図4-7)。スパイラル型の電池は、プラス極とマイナス極をそれぞれシート状にしてセパレータを介して重ね合わせ、それをさらに巻き取って円筒形にする構造を採用しています。角形の電池の場合には、シートを重ねた

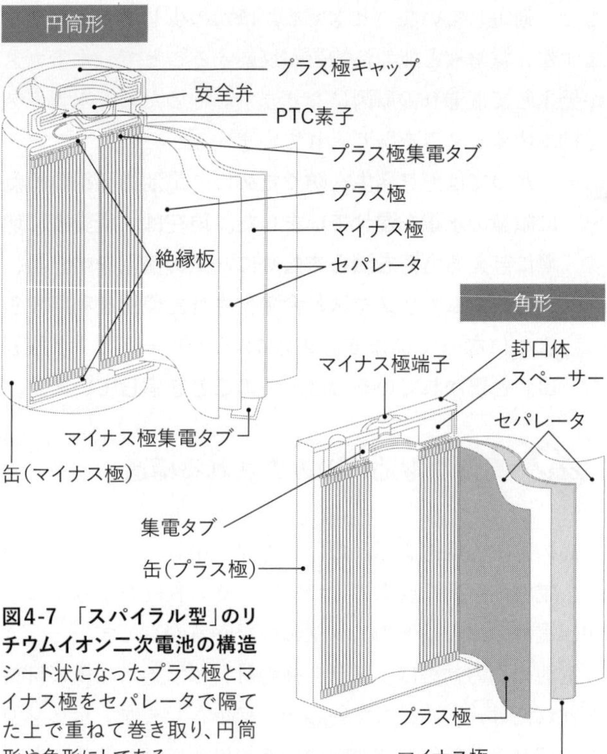

図4-7 「スパイラル型」のリチウムイオン二次電池の構造
シート状になったプラス極とマイナス極をセパレータで隔てた上で重ねて巻き取り、円筒形や角形にしてある。

り円筒形に巻き取ったりしてから角形にする場合もあります。これにより、同体積でも極の部材どうしが接する面積がずっと大きくなるため、より出力効率が高く、長時間電力を供給できる電池にすることが可能です。

他方、こうした構造の電池の欠点は、製造にコストと時間がかかることです。乾電池の場合、1分間に500～1500

個の電池が生産できますが、スパイラル型の電池では、同じ時間に50～100個程度しか製造できません。

一般的な乾電池のように「安く使い捨てる」ものでなく、何度も繰り返して使う二次電池や、一次電池ではあっても出力が十分に高く、高価でも納得して買ってもらえるもの――たとえばリチウム電池などに限定されます。

リチウムを使う電池は、電解液中でのイオンの移動度が低くなるため、ボビン型では出力効率が不十分になるケースが多く、一般的にスパイラル型が採用されます。また、二次電池の1つである「ニッケル水素蓄電池」では、満充電にいたる最後の工程で、片方の極側から酸素ガスが発生します。内部で圧力が高まって液漏れすることがないよう、逆側の極でガスを吸収する必要があり、そのためには、2つの極の向かい合う面積が大きいスパイラル型のほうが有利です。

最も電気容量の大きい電池とは?

現在、数多くの電子機器で使われているのは、素材にリチウム化合物を使った「リチウムイオン二次電池（リチウムイオン電池)」です。リチウムイオン二次電池は非常に軽く、重量あたりのエネルギー量が非常に大きい特徴を有しています。小型・大容量・軽量という条件が求められる現在、最も適切な二次電池と言えます。(図4－8)。

スマートフォンやデジタルカメラに代表されるIT機器では、処理するデータ量が増えるにつれて、消費電力も増

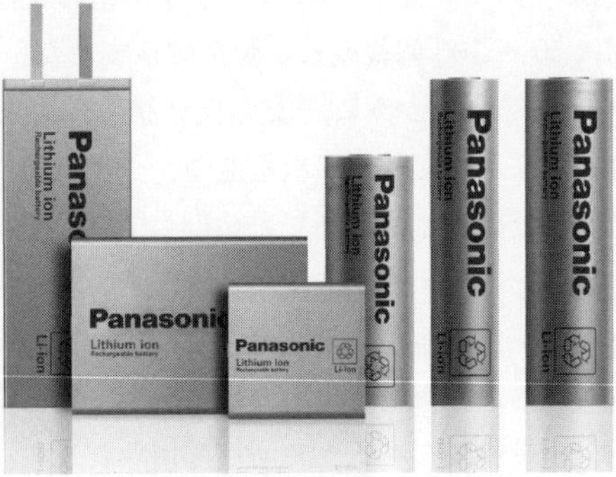

図4-8　リチウムイオン二次電池

加しています。便利な機器ゆえに日々の生活における依存度も高まっていて、「どれだけ長い時間使えるか」が最重要視されます。この相反する条件を満たすには、つねに一定の電力を維持できて、しかも同じ質量・体積でより多くの電力が発生する素材が求められます。現在の技術では、このニーズを満たす最適の存在がリチウムイオンを使った二次電池なのです。

リチウムイオン二次電池の原理が生まれたのは1980年のこと。現在広く使われている、正極にコバルト酸リチウムを使ったリチウムイオン二次電池が誕生してからは、まだ30年しか経っていません。電池としては"新参者"ですが、電力に対するニーズが劇的に拡大した結果、急速に普及が進みました。

リチウムイオン二次電池は、「セル」という電池単品で生産されます。実際に使うときには、1セルで使う場合と、複数のセルを組み合わせて使う場合とがあり、そこから得られる電圧は各機器によって異なります。

Trivia

生産数としてはデジタル機器向けが多いのですが、電圧が高く、容量が大きいのは、電気自動車・ハイブリッド電気自動車向けの電池システムです。電気自動車向け電池システムの場合、一般的なスマートフォン用の充電池に換算して3000～6000個分の電気を蓄えられるため、家庭用の電源として流用されるケースも出てきました。

「継ぎ足し充電NG」ってホント?

二次電池を使っていると、だんだん電池のもちが悪くなる……という現象に遭遇したことはないでしょうか？　これを「メモリー効果」と言います。電池を繰り返し、継ぎ足し充電していると、充電を開始した時点での残量を記憶してしまったような動きをすることから、メモリー効果と名づけられました。こうした現象は、特にニッケルカドミウム蓄電池やニッケル水素蓄電池に見られるものです。

現代の電池には、「短時間で充電してすぐに使える」ことも要求されるようになってきています。週に何度も充電するスマートフォンに代表されるように、ひんぱんに放電・充電のサイクルを繰り返す過酷な使い方をする機器が増えたことが背景にあります。リチウムイオン二次電池は、ニッケルカドミウム蓄電池などに比べ単に容量が大きいだけでなく、充電池としての寿命が他の充電池より長いことで、現在のデジタル機器が求める使用条件に合致しています。

最新のデジタル機器の中には、充電状況を確認しながら充電器側が一時的に多くの電流を供給し、全体での充電時間をさらに短くする技術を搭載する製品も増えてきました。たとえば、クアルコムの「Quick Charge 2.0」という規格に対応したスマートフォンと充電器のセットでは、非対応機器に比べ、充電時間が75％に短縮可能です。

ところで、スマートフォンのバッテリー寿命を長くする方法として、次のような話を聞いたことがないでしょうか？　いわく――、「残量途中で継ぎ足し充電せず、いったん電力を使い切ってから充電したほうがいい」「100％の充電状態で、電源をつないだまま使用してはいけない」。

Trivia

実は、これらの“伝説”は正しくありません。まず、前者は完全な誤りです。リチウムイオン二次電池には、いわゆるメモリー効果がないため、継ぎ足し充電をしても容量は減りません。

後者については補足が必要です。100％の充電状態で電源をつないだまま使いつづけるのは、確かに電池にとって好ましくありません。ただしそれは、100％充電状態を維持するのが問題なだけでなく、同時に発熱することの悪影響も大きいのです。

パソコンの機種によっては、電源を接続したまま使用する際に、バッテリーの充電をあえて80％から90％程度までで止めて、バッテリーそのものの消耗を抑える機能を備えたものがあります。「いたわり充電」「ECOモード」などの名称でよばれるこの機能は、ムダな電力消費を抑え、機器のバッテリーをより長く使いつづけるための工夫です。

現在のバッテリーの動作時間は十分に長くなっているため、8割ほどの充電でも実用的な問題が生じないことから、こうした機能が普及しました。「ECOモード」を備えたパナソニックのノートパソコンの場合には、バッテリーの耐用年数は、この機能を使わない場合と比較して、最大で1.5倍まで延びます。

過熱を抑えるセーフティネット

リチウムイオン二次電池にも、課題は残っています。内部の電解質に燃焼しやすい性質があることです。まれに、携帯電話やパソコンのバッテリーから発熱・発火したという事故が報道されますが、これらは、リチウムイオン二次電池を利用した製品で発生しています。

リチウムイオン二次電池は、予期せぬ事象により、過充電などによって異常な発熱が起きた場合や、製造不良や事故による内部短絡が生じた場合などに、異常発熱する可能性があります。

とはいえ、過度に心配する必要はありません。リチウムイオン二次電池にはさまざまな安全策が組み込まれており、一般的な使用の範囲では、深刻な事故につながる可能性はほとんどありません。

第一の安全策は、「異常発熱につながる充電・放電を止める」ことです。

通常、リチウムイオン二次電池の中には、充電・放電の状況をチェックするコントローラーが内蔵されていて、事故につながりそうな状況にいたることを防止しています。また、内部の素材にも工夫が施されています。プラス極とマイナス極とを隔てて、必要な分子だけを通す「セパレータ」とよばれる素材についても、分子を通すための「穴」が発熱による収縮で閉じる素材を使うことで、発熱が生じた際に充電・放電を止めるしくみになっています。

電池の封口体《ふうこうたい》には、「PTC 素子」というプラスチックの一種が使われています（258ページ図4－7参照）。PTC 素子の中には炭素が入っており、通常時は電子伝導体の役割をはたしていますが、異常発熱が起きると、プラスチックが伸びて広がることで、つながっていた炭素どうしが離れるようになっています。その結果、電子伝導体としての役割をはたさなくなって電流が止まり、異常発熱も抑えられます。

過充電だけでなく、「異常な圧力」によっても事故が生じる可能性があります。たとえば、高所からの落下や、外部から大きな圧力がかかるなどして電池が異常に変形したときに、内部でショートが起き、異常発熱にいたる場合があります。こうした際でも、前記のような「過熱が見られたら電流を止める」対策により、事故の拡大を防ぐ工夫がなされています。そのことを理解した上で、万が一、電池を壊したり変形させたりしてしまった場合には、すみやかに使用を中止して、事故が起きないよう対処しましょう。

#16 太陽電池

30年スパンで効率を考えるシステム型家電

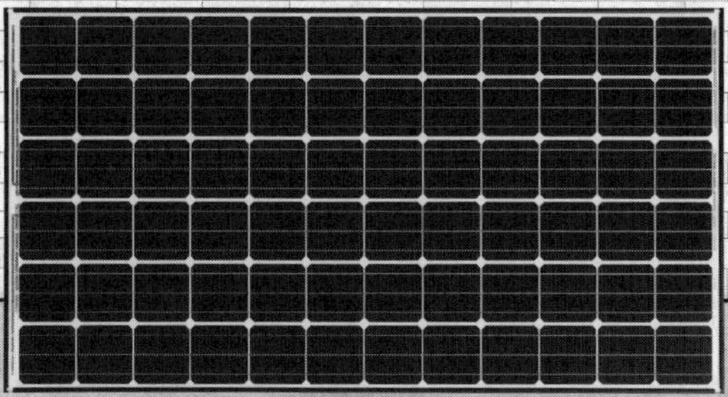

2015年

温室効果の軽減を目指す二酸化炭素排出量削減の流れや、電力供給源の多様化のニーズに応える必要性から、以前にも増して「太陽光発電」の需要が高まっています。大規模な「太陽光発電ファーム」を設える企業や自治体が増えていることに加え、自宅の屋根に太陽光パネルを搭載して、消費電力を賄ったり売電に取り組んだりする家庭も増加しています。

身近な生活家電ではありませんが、太陽光発電が今後の私たちの生活を支える基盤となる技術であることは間違いありません。前項で紹介した「化学電池」に対して、太陽光発電システムの基幹部品である太陽電池は「物理電池」とよばれています。同じ「電池」と名づけられているとはいえ、より一般的な存在である化学電池とはしくみが大きく異なります。太陽電池それ自体は「電気を蓄えるもの」ではなく、「発電するもの」だからです。

Trivia

その歴史は、決して浅くはありません。発電力のごく弱いものに限れば、早くも19世紀末には生産が開始されています。現在使われている「半導体型太陽電池」が登場したのは1950年代のことで、僻地での通信設備や宇宙船・人工衛星の電源など、他の電力供給手段が用意しづらい場所で使う"特殊電源"として利用が始まり、やがて価格が下がったことで、電卓や時計などにも応用されるようになった経緯があります。

現在の利用形態への変化を促した要因として、太陽電池から生み出せる電力量が格段に大きくなったことが挙げられます。以前は乾電池程度の電力を生み出すのが精一杯だったものが、一般的な家屋の屋根に配置できる20枚の太陽電池パネル（モジュール）の組み合わせで、一般家庭が1年間に消費する電力量をおおむねカバーできるところまできています。

半導体に光が当たるとなぜ発電する!?

供給できる電力量こそ格段にアップしましたが、半導体型太陽電池の基本原理自体は、開発当初の1950年代から大きく変わっていません。そもそも、半導体はなぜ、電気を生み出すことができるのでしょうか？

「半導体」とは、つねに電気を通す「伝導体」と、決して電気を通さない「絶縁体」の中間的な性質を示す物質を指します。不純物のない純粋な状態で、電気伝導性が悪くなる性質をもっているのです。そこで、特定の元素（不純物）を微量に混ぜて伝導性を高め、電子機器に使える素材へと加工します。

混ぜる元素によって、電子が余ったり、逆に電子が不足

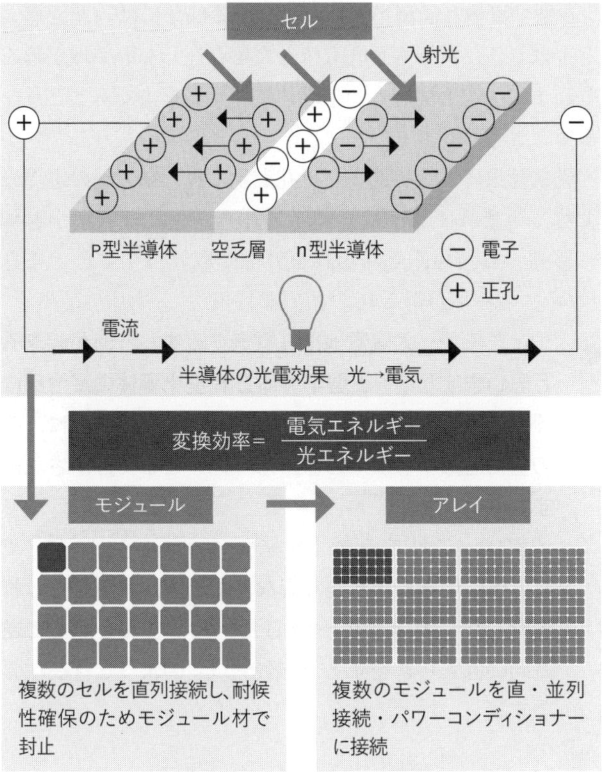

図4-9　太陽電池に光が当たると電流が流れるしくみ

して電子が入りうる「正孔」が余ったりしている材料が作られます。前者を「n 型半導体」、後者を「p 型半導体」とよびます。p 型半導体と n 型半導体をくっつけた（接合させた）ものは「pn 接合ダイオード」とよばれ、半導体としては非常にポピュラーな存在で、さまざまな電子部品に使われています。

p 型半導体と n 型半導体が接合する部分には、「空乏層」とよばれる、電子も正孔もほとんど存在しない領域が形成されます。空乏層をもつ半導体に「光」を当てるとどうなるでしょうか？

光電効果によって電子と正孔が生まれ、空乏層の電界によって生まれた電子は n 型半導体へ、正孔は p 型半導体へ移動するため、それぞれを外部へ取り出すことで電力（エネルギー）が得られます（図 4－9）。

Trivia

ところで、太陽電池に「電気を流す」と何が起きると思いますか？　p 型半導体と n 型半導体の接合部に押し込められた余分な電子が正孔と結びつく際に、その量に匹敵するエネルギーが「光」として排出されます。

実は、これこそが「発光ダイオード」（LED）です。形も用途もまったく異なるため驚かれるかもしれませんが、太陽電池と LED は、同じ性質を隔てて逆方向のはたらきをする“兄弟どうし”のような存在なのです。

太陽パネルはなぜ八角形をしている?

半導体でありさえすれば、どれでも太陽電池の材料になり得ますが、一般的な太陽電池の素材として使われるのは「シリコン」です。ガリウム化合物のような特殊な素材を使い、より発電効率を高めることも可能ですが、現在は、ガリウム等の素材を使うケースは少なくなっています。地球上に豊富に存在する元素であるシリコンなら、大きな電力をリーズナブルな価格で得られるからです。

太陽電池の性能を表すものとして「変換効率」があります。この数値は、一定の光の量と面積で、どれだけ多くの電力を発生させられるかを表します。シリコンを使った太陽電池（シリコン系太陽電池）の理論上の変換効率の上限は、29％程度と言われています。

現在、シリコン系太陽電池に使われているのは、「単結晶シリコン」と「多結晶シリコン」とよばれる素材です。単結晶シリコンは、単色で黒っぽい色に揃ったパネルになり、変換効率は約21％前後。多結晶シリコンの場合、より青っぽく、いろいろな方向の結晶粒が表面に見えてきらめきがあり、変換効率は17％前後とされています。

住宅向けには、単結晶・多結晶の両方が使われますが、発電性能がよいことから、単結晶シリコンを使ったものが主流を占めています。

一般的に太陽電池に使われるシリコンの素材は、含まれる不純物の量などが若干異なるものの、性質としては、

LSI（大規模集積回路）に使われるものと大きな違いはありません。LSIではきわめて純度が高く、精密な素材が求められるものの、太陽電池はそこまでの質は求められません。

Trivia

そのため、太陽電池の生産量が少なかった時代には、LSI向けのシリコンを作る工程で純度が基準に満たなかったり、余ったりした分が太陽電池向けに流用されていました。当時の太陽電池はLSIなどの「半導体産業ありき」だったわけですが、現在はもちろん、太陽電池専用のシリコンが生産されています。

単結晶の場合、半導体素材と同じように、高品質にするためにまず円柱形の巨大なシリコン結晶（インゴット）を製造します。それを薄くスライスして板にした上で、そこ

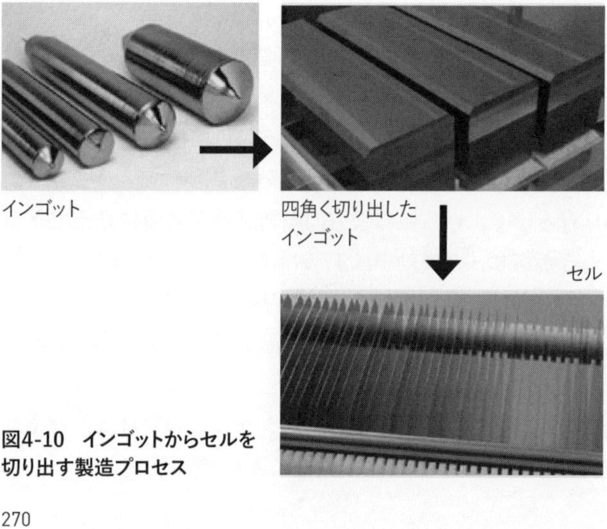

図4-10　インゴットからセルを切り出す製造プロセス

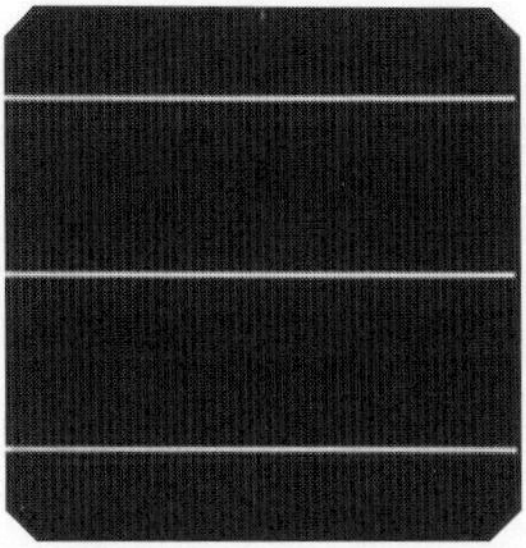

図4-11
八角形に加工されたセル

から太陽電池を作ります。こうして作られる太陽電池を「セル」とよびます（図4－10）。

私たちが目にする太陽電池パネルは、このセルを何枚かまとめて1セットにしたもので、これを「モジュール」とよんでいます。セル1枚のサイズは、インゴットの直径で決まりますが、現在は、できるだけ広い面積を使えるように角がカットされた「八角形」に加工されます（図4－11）。

セルを広く敷き詰めることを考えると、本来は正方形や長方形が望ましいのですが、円柱形のインゴットを四角くスライスすると、周囲の余って捨てる部分が多くなり、経済効率が下がってしまいます。そこで、ムダが出にくく、敷き詰める際にも有利な八角形が採用されているのです。セルの「切り方」には、技術や生産量に合わせた、太陽電池メーカーそれぞれのノウハウがあるとされています。

単結晶と多結晶、どちらのパネルを選ぶべき?

一方、多結晶シリコンの場合には、単結晶と違って発電の効率は落ちるものの、安価で四角いインゴットを作ることができるメリットがあります。単純に切り出せば「四角い太陽電池セル」ができ上がります。

素材が単結晶か多結晶かは、「使われているセルが八角形か四角形か」で見分けることが可能です(ただし、最近は発電能力を重視して、単結晶で四角いセルを製造するメーカーも出てきており、すべてに当てはまるわけではありません)。

前述のとおり、インゴットから切り出したシリコン結晶を利用して作るという部分では、LSIも太陽電池も変わりません。しかし、切った後の処理がまったく異なります。

Trivia

LSI向けのシリコンは、鏡のように表面をきれいに磨き上げます。これは、シリコンの板の表面に微細な加工を施すためです。

一方、太陽電池向けは磨くことはせず、表面に微細な凹凸を作ります。この形状にすることで、太陽電池内に多くの光を取り込むことが可能になります。LSI向けのように表面を真っ平らにすると、光が反射して取り込める量が減り、発電効率が低下してしまいます(図4-12)。

この凹凸構造は、単結晶シリコンと多結晶シリコンとで異なってきます。単結晶シリコンの場合は、薬液に浸して

図4-12　凹凸のあるセルの表面構造

エッチング処理（不要な部分を溶かして除去する方法）すると、結晶構造の方向にしたがって自然に立体構造ができますが、多結晶の場合には、結晶の方向がバラバラであるため、この方法が応用できないためです。技術の進歩によって、多結晶シリコンでも表面の微細な凹凸をうまく作ることで反射を抑え込んだセルも登場しています。

ここまで説明してきた素材の話を総合すると、次のことがわかります。

Trivia

太陽電池を敷設できる面積が決まっていて、その範囲内でより高い発電量を求める場合には、多少値段が張っても高効率のセル（つまり単結晶シリコン製）を選ぶべきです。

一方、多結晶シリコンは、発電効率では単結晶シリコンに劣るものの、安価であるというメリットがあります。かけられる費用が決まっているなら、単結晶シリコンのパネルに比べ、より広い面積に敷き詰めるこ

とが可能です。

広大な面積に多くの太陽電池パネルを敷き詰めて発電所を作るような場合には、多結晶シリコンを素材とした太陽電池パネルが利用されることが多くなっています。

実は高温に弱い太陽光発電

前項までは太陽電池パネルの「素材」に注目して話を進めてきました。ここからは、「太陽光発電システム」の全体像に視点を移しましょう。

太陽電池には、「公称システム出力」という値が定められています。「出力何Wのパネルを何枚使ったシステムで、パネル温度25度の環境において、晴天時に日光がほぼ垂直にパネルに当たったときに、どのくらいの電力を得られるか」を示す値です。

パネルの枚数によって数値が左右されるのは当然ですが、天候や気温にも影響を受けるため、実際に発電できる電気の出力は公称システム出力より小さくなります。とはいえ、システムどうしで公平に性能を比較できる点で、きわめて有用な値となっています。

Trivia

発電システムの出力に対して、特に大きな影響を与えるのが「温度」ですが、温度の影響は主に、太陽電池パネルが受けます。太陽電池の素材である半導体は温度が上がると性能が落ちる傾向にあります（図4-13）。

一般的な太陽電池では、公称測定温度であるパネル温度

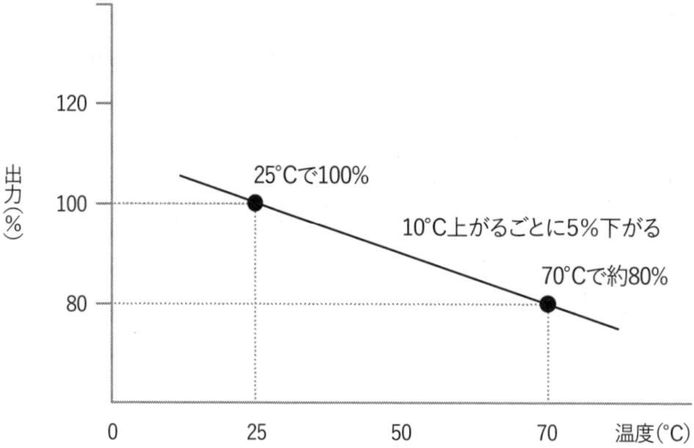

図4-13　太陽電池の性能と温度の関係

25度から10度上がると、出力が5％程度低下してしまいます。夏場に屋外に放置された車のボンネットを思い出してください。同様に、直射日光を長時間浴びる場所では、太陽電池も簡単に熱をもちます。屋根に据えつけた太陽電池の場合、真夏ではパネル温度が70度に達することもあるほどです。

そうなると当然、太陽電池の効率は悪くなります。最悪の場合、熱によって、出力が理想的な状態に比べ25％も低下することがあり得ます。パネルの枚数を増やすことで、低コストで同じ出力を実現したとしても、温度による出力低下が大きい場合、現実的には、出力の低下が少ないパネルを少量使ったシステムと比べ、最終的な出力では劣ることになります。

温度上昇による出力の低下は、パネルの構造や素材によ

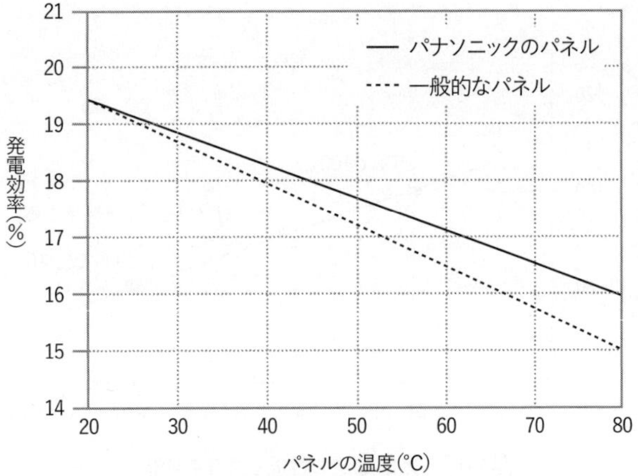

図4-14　温度の影響を軽減したパネルの発電効率

っても変わってきます。パナソニックの太陽光発電システムの場合、温度上昇による出力の低下が、他社パネルに比べゆるやかになるよう工夫されています（図4-14）。太陽光発電システムは他の家電に比べても、長期にわたって使用するものであるだけに、この差が最終的な発電量におよぼす影響は決して小さくありません。

太陽光発電システムが電力を生む効率＝変換効率の高低には、セルをモジュールとして組み立てる際の技術力が大きく影響します。ここでは、代表的な技術を1つ紹介しましょう。

あたりまえのようですが、光をしっかり確実にセルへと導く技術がきわめて重要です。

モジュールでは、ホコリや風雪から太陽電池セルを保護

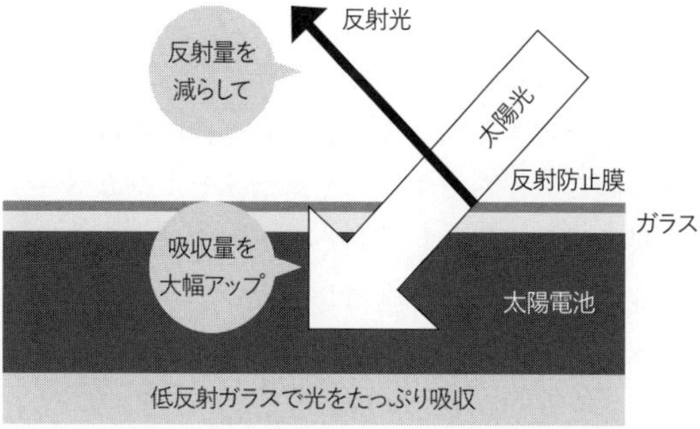

図4-15　反射光を軽減する反射防止膜

するために、表面にガラスのカバーをつけていますが、ガラスの表面で光を反射してしまうと、セルに届く光の量は激減してしまいます。そのため、ガラス表面には「反射防止膜」とよばれる特殊なコーティングが施されます（図4－15）。反射光を減らしたぶんだけ、内部により多くの光を導くことができ、変換効率が向上します。

長期視点で製品選びを

多くの電池は、化学反応によって電気を発生させるため、電気が生まれると反応剤が摩耗し、起電力が弱まって製品寿命を迎えます。しかし、太陽電池セルは、特定の環境条件を満たすかぎりは理論的には摩耗せず、半永久的に使用可能です。一度設置すると、20年、30年と使いつづけることができるのはそのためです。

しかし、実際に半永久的に使えるかというと、そうではありません。
セル自体は劣化しなくても、そこから電気を取り出す配線をはじめとする周辺部材が、長く使用することで性能の低下を起こすからです。たとえば、セルをカバーするガラスは長く屋外に放置しておくと汚れて曇ります。曇りもまた、発電効率の低下に直結します。よりよい太陽光発電システムを実現するためには、「長持ちするモジュール」を設計する必要があるのです。
ガラス表面の単純な汚れについては、雨で流れるよう設計されていますが、そのときに出るホコリやゴミが溜まらないよう形状そのものを工夫するケースもあります。
また、パネル内には金属と樹脂の両方の部材が使われています。長期間にわたって日光が当たり、温度や湿度が変化する環境に置かれると、金属が腐食したり、モジュール内のセルを固定する役目をしている各種の樹脂が、熱や紫外線で劣化したりする可能性があります。各メーカーは、温度や湿度、熱、紫外線に強く、劣化しにくい素材をいかに選択するか、日々試行錯誤しています。
繰り返しになりますが、太陽電池パネルは長く使うものです。特に、一般家庭においては、30年近くにわたって重要な住居設備として使いつづけることになります。
耐久性はもちろんのこと、発電効率についても、長く使えば使うほどそのことによる影響が増していきます。また、次項で紹介する「HEMS《ヘムス》（Home Energy Management System）」との連携も必要です。
単に目先の価格で選ぶのではなく、「どういったものが自分の家に向いているか」をしっかり見極めた上で、適切な製品を選ぶようにしましょう。

#17

HEMS

家庭内の電力利用の“お目付け役”

2015年

本書を通じて見てきたように、私たちの家庭内には、実にさまざまな家電機器が存在しています。各製品はもちろん、それぞれ独自に省電力化の視点で改良が加えられてきています。しかし、家庭内でより効率的に電力を使うことを考えれば、機器どうしの消費電力を勘案した上で、バランスよく動作するほうが望ましいのは明らかです。

エネルギー管理システムを称して、「EMS《エムス》（Energy Management System）」（エネルギー・マネジメント・システム）といいますが、特に家庭向けのものは「HEMS《ヘムス》（Home Energy Management System）」（ホーム・エネルギー・マネジメント・システム）とよばれています。

電力消費を平坦にならすという発想

現代の家庭にHEMSが必要とされる背景には、もちろん省エネ志向がより高まっていることもありますが、同時に、「電力消費の平準化」が重視されてきていることが挙げられます。電力消費の平準化とは、何を指しているのでしょうか？

たとえば、夕食時には消費電力の高い調理家電がいっせいに動作するため、消費電力は高めになります。そのとき、エアコンや給湯器を同時に使ってしまうと、電力消費はさらに大きくなります。夏場の場合には、特に気温が上がる午後1時前後に、家庭・オフィス双方でのエアコンの電力消費が極大化します。

こうした電力消費の極端な増大化は、一軒の家庭においてならまだしも、街中の家庭で同時に起こるとなると、発電網そのものに莫大な負担をかけることになります。

2011年に発生した東日本大震災に伴う福島第一原子力発電所の事故によって、東日本地域を中心に、深刻な電力不足状況に陥りました。特に心配されたのは、消費が集中するピーク時に電力が不足するのではないかということでした。

単に電力が足りないというだけでなく、極端な電力消費増大による負荷は、電力網に悪影響を及ぼし、大規模な停電、いわゆるブラックアウトを引き起こす可能性があります。日本の電力網は品質が高く安定しているため、ブラックアウトが生じることは滅多にありませんが、それは電力会社を中心に、インフラを整備する人々の努力に支えられているからです。際限なく消費電力を増やすわけにはいきませんし、電力を消費する時間を分散させる必要にも迫られています。

しかし、残念ながら蓄電池を用いることなしに、効率的に電気を貯めることはできません。したがって、つねに継続して消費されていくことを前提に、機器間どうしでムダなく電力を消費する「しくみ」を整える必要があります。そこで必要なのがEMSであり、HEMSなのです。

太陽電池と二人三脚

特に現在、HEMSが重視されるようになってきている理由の1つとして大きなウエイトを占めているのが、前項で紹介した太陽電池の普及です。かつて、一般家庭内には「発電するしくみ」は存在しませんでした。しかし、太陽電池の登場によって、家庭内で発電される電気と、電力網から供給される電気の両方を使うことが可能になりました。

日光が途絶える夜間は電力網から供給される電気を使うことになりますが、昼間は太陽電池からの電力を中心に消費し、不足分を電力網から調達する“分担作業”を行います。逆に、発電量が家庭内でのニーズを上回る場合には、電力会社に「売る」こともできます。

家庭における電力供給源は今後も多様化する傾向にあ

り、現在のメインである太陽電池に加え、水素などを中心とした「燃料電池」の普及も見込まれています。

また、2016年からは電力の「小売り自由化」が行われます。従来は、住んでいる地域によって契約できる電力会社が決まっていましたが、2016年4月以降は、ある程度自由に「どの会社から電気を購入するか」を消費者自身が選択できるようになります。これもまた、家庭における「電力供給源の多様化」の1つです。

電力小売りの自由化に伴い、各家庭に設置される電力メーターは順次、「スマートメーター」への切り替えが行われています。今後はさらに、HEMSとの連携ができるようになっていくことが見込まれています。

背景説明が長くなりましたが、多様な電力供給源が家庭に入ってくることで、「電力をどれだけ消費しているか」「どれだけ発電しているか」「電力網に対してどれだけ供給するか」といったことを、時々刻々変化するなかでコントロール・管理するしくみが必須になります。HEMSは、このような要求に応えるシステムなのです。

⚡ 電力を「見える化」してムダをなくす

一口に“管理”といっても、さまざまな段階があります。HEMSに求められる最もシンプルな要素が「電力の見える化」です。

私たちは日常、家庭内でどれだけの電力がいつ使われているかをまったく意識することなく生活しています。電力

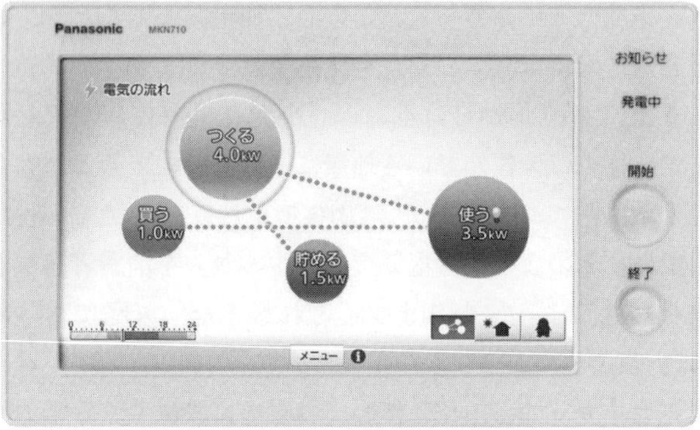

図4-16　HEMSの「電力モニター」

消費量を明確に意識するのは、電気代の請求が届いたときくらいではないでしょうか。どのくらいの電力を使っているかを知ることができれば、節約意識も自然と高まるというものです。

そこで、HEMSの第一歩として導入されるのが「電力モニター」です（図4-16）。一般財団法人省エネルギーセンターの調査によれば、この種のモニター設備を設置することで、前年同月と比べて平均11％の省エネにつながるとされています。数字が見えるようになるだけで、1割強もの大きな削減効果が見込めるわけです。

Trivia

以前の電力モニターは、設置に際して室内の壁に埋め込むのが一般的でした。現在はより進化して、家庭内のネットワークを介し、さまざまな機器でチェックできるようになっています。スマートフォンやタブレットで閲覧したり、テレビ画面で確認したりといった

ことが可能です。

特に新築住宅の場合には、電源コンセントにネットワークを同時に組み込む例も増えており、電気の「見える化」がより身近なものになっています。

分電盤を利用して家電の働きぶりを把握

HEMSは、どのようにして電力を「見える化」するのでしょうか？

大前提として、各機器がどれだけ電力を消費しているのかを、きちんと把握する必要があります。しかし、現在の家電製品には、それぞれの消費電力を伝えるしくみは内蔵されていないため、それを検知して制御するしくみが必要です。

新築の際に電力利用状況を知るシンプルな方法として、「スマート電源タップ」の導入があります。電源コンセントに消費電力の把握とネットワークを通じてのコントロール機能を備えた機器をつけることで、電力を「見える化」する設備です。

家電機器それ自体は消費電力を伝えてくれなくても、電源タップ側がスマート化することで対応するこのしくみは、工事が不要でコストも最低限ですむ一方、このタップに接続した機器の状況しか把握できないという欠点もあります。

これに対応するため、パナソニックでは、「AiSEG《アイセグ》」というHEMSの中心機器と「分電盤」を用いて、家庭にある分電盤にHEMSのためのしくみを組み込んでしまう商品「スマートコスモ」を開発しました（図4－17）。

なお、分電盤とは、漏電遮断器や配線用遮断器、すなわちブレーカーをまとめた機器で、各家庭に必ず存在します。家の中にあるすべてのコンセントや電気給湯器は分電盤に接続されており、分電盤で電気の利用状況を把握することで、家中の機器の電力利用状況を知ることができます。

電力センサーを内蔵した分電盤である「スマートコスモ」を使うことで、最大49回路まで、分岐回路ごとに「見える化」することが可能です。スマートコスモの特徴は、①あらかじめ分岐電流センサーを内蔵していることで施工が楽である、②ドアカバーが水平に着脱できるため取付施工性が高い、③ AiSEG無線アダプタや周辺機器を内

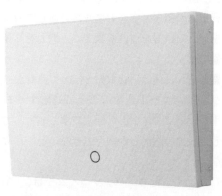

図4-17　電力センサーを内蔵した分電盤「スマートコスモ」

蔵しているため、設置スペースを削減できる、などが挙げられます。

既設住宅の場合は、既存の分電盤に「計測ユニット」をつけることで、HEMS対応にすることができます。

また、AiSEGでは、電気の利用状況だけでなく、ガスや水道の利用量、空気の汚れや温度・湿度などの空気環境も、スマホやタブレットから把握できます。

節電対策の「三種の神器」

現状では、一般的な家電製品のすべてが、HEMSに完全対応しているわけではありません。そのため、AiSEGなどで電力の消費量を把握し、自分で使いすぎを防止する必要があります。

しかし、家庭の中でも特に電力消費量が多い製品、たとえばIHクッキングヒーターやエコキュートのような電気給湯器、エアコンなどについては、HEMS側で制御することによって容易に節電が可能です。

Trivia

実は、テレビ（LED式）やパソコンなど、一般的な家電製品の消費電力は、それほど高くはありません。比較的消費電力の多いテレビでも、100～200W程度が一般的です。これに対し、エアコン、IHクッキングヒーター、給湯器の3つは、常時多くの電力を使用します。

たとえばエアコンは、暖房を開始したときに一時的に多くの電力を必要とします。いったん室温が目的の温度に達すると、安定した電力に落ち着きますが、温度調整を繰り返すことで、消費電力に大きな影響を与えます。IHクッキングヒーターは、調理中だけではあるものの、2000W程度の電力を必要とします。

給湯器を含むこれら3つの機器を集中的に管理することで、電力の消費効率を劇的に改善することができるのです。たとえば、家中のエアコンを「運転開始30分後に自動的に省エネ温度に変える」処理をしたり、IHクッキングヒーターで調理を始める際には、全体の電力消費を見て電気を使いすぎないように火力を自動でセーブしたりするなどします。エコキュートでのお湯の沸き増しも、消費電力が低いときを狙って行う、といった具合です。

さらには、家庭全体の電力使用量を判断して、照明を自動的に抑えめにして節電することも可能です。

こうした制御には、電力消費の情報把握に加え、機器を安全にコントロールするしくみも必要になります。日本では、そのために専用の通信プロトコルである「ECHONET-Lite」を使います。AiSEGと連携する場合には、各機器間を有線接続するだけでなく、無線通信でつなぐこともできます。特にエアコンは、設置場所によっては通信用の回線を敷設するのが難しい場合があるため、専用の無線通信で機器どうしを連携させるわけです。

自動車が家電になる日

パナソニックのHEMSは、電力の「見える化」に加

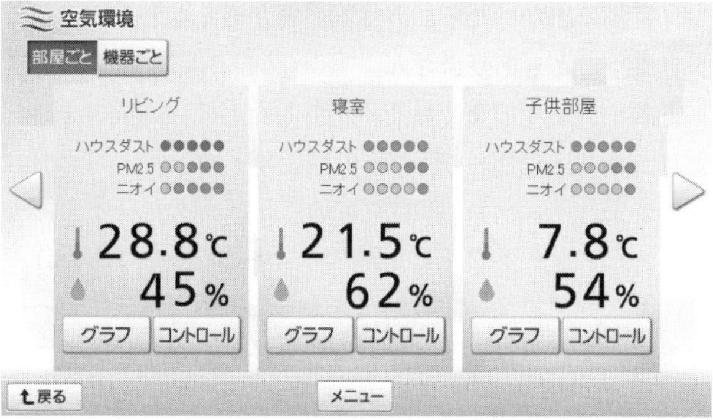

図4-18　空気の清浄度も「見える化」

え、空気環境の「見える化」もできるようになっています。

空気清浄機が普及し、ハウスダストの除去など、室内の空気環境の改善に気を配る風潮が高まっていますが、実際にどの部屋の空気がどのような状態にあるか、しっかり把握できているでしょうか？

「温湿度センサー」という機器と連携することで、屋内外の温度や湿度を確認することができ、また、天井埋め込み型の空気清浄機と連携すれば、室内の空気の汚れ具合をハウスダストやPM2.5、臭いの状況などからチェックすることができ、子どもの健康管理にも役立ちます。（図4-18）。

Trivia

空気環境を「見える化」することで、ムダなく空気清浄機を運転させることができる他、外出前の服装選びなどに役立てることも可能です。室内が暖かいので

軽装で出かけたら、外は案外寒かったなどという目に遭うこともありません。

電力や空気環境を「見える化」した上で、各機器をコントロールすることもHEMSの機能の1つです。パナソニックのHEMSでは、照明や電動窓シャッターなどを、モニターやスマートフォンを通じて家中どこからでも操作でき、エアコンについては外出先からでも制御可能になっています。連携できる機器は、今後も続々と増えていくでしょう。

ところで、今後、家庭に対して大きなインパクトを与えうる「家電機器」として、自動車が考えられます。電気自動車の場合、家庭の電源で充電するものもあります。電気自動車は巨大なバッテリーの塊であり、充電には当然、大きな電力が必要です。

逆にいえば、その巨大なバッテリーを活かして、一時的に家庭に電力を供給することも可能です。特に、水素燃料電池を使う「燃料電池車（FCV）」は、発電機構としてもきわめて有望です。自動車については現在、HEMSとの連携が視野に入ってはいるものの、具体的な規格はまだ存在しません。

今後、自動車において「どのようなエネルギーを」「どう利用するか」が明確に定まってきた段階で、規格が定められ、HEMSとの密な連携が図られていくことでしょう。

おわりに

絶え間なく「創意工夫」が繰り返されるものづくりの最前線である家電製作の現場をご紹介してきた本書も、いよいよしめくくりのときを迎えました。

全17製品を探訪してきて、一口に家電といっても、実に幅の広い製品群を包括する言葉であることが実感していただけたと思います。機能も形態も異なるこれら各製品に共通する項目はただ1つ。「電気をエネルギー源として働くこと」です。

かつての家電機器におけるエネルギーの使い方は、「熱を発する」「動かす」「光る」といった要素が中心でした。しかし現在の各家電には、必ずといっていいほどコンピュータが搭載されており、「熱を発する」「動かす」「光る」に加えて、「コントロールする」ことにも、電気が使われるようになっています。

本書では、IT機器であるパソコンやスマートフォンなどは扱っていませんが、それらの機器にしても、よりコントロールする要素の範疇《はんちゅう》が広いだけで、もはや他の家電との差異は少なくなってきている、といっても過言ではありません。

「家電を使うこと」＝「エネルギーを消費すること」です。過去には、人が楽をするためには多少のエネルギーをムダに費やしても許容される時代がありましたが、現在は決して許されることではありません。

家電において「コントロールする要素」が加速度的に増えている背景には、家電が担う仕事の質を高め、さらには消費するエネルギーを減らしていくために、より綿密なコントロールが必要になっていることが挙げられます。家庭に存在するあらゆる家電を相互につなぎ、コントロールするHEMS（280ページ参照）が注目されるのは、一台一台のコントロールだけでは、できることに限界が見えてきているからでもあります。

しかし、です。

省エネはもちろん大切なことですが、1つの本質として、忘れてはいけないこともあります。節約やコントロールといった側面のみでは、かつて新たな家電の登場にワクワクさせられた私たちの心は、なかなか沸き立ってこない、ということです。

これからは、家庭にさまざまなエネルギーが入ってくる時代です。最終的には「電気」というかたちで使うにしても、家庭用の燃料電池や大型蓄電池、太陽電池に電気自動車と、複数のエネルギー供給源が使われることが想定されています。それら各エネルギー源を簡単に、そして効率的に使うにも、高度で精密なコントロールが必要になります。

HEMSは決して、テレビやマッサージチェアのように私たちの心を沸き立たせてくれるような家電ではありませんが、次なる時代には必要不可欠な“要の存在”なのです。

今後の家電が進化していくには、「コントロールする」

要素を、よりムダのない生活だけでなく、「より楽しい」「より潤いのある」生活を生み出すために活かしていくという考え方が必要です。

たとえば調理家電は、安価なだけでは売れにくくなっています。よりおいしく調理でき、手間を減らしてくれる上に、省エネでもあるという3つの要素を満たすためには、「高度なコントロール性」を備えた、最新の高級製品のほうが有利だからです。実際、本書の取材中に驚かされた事実の1つに、炊飯器では10万円を超えるような高級機種ほどよく売れているということがありました。

一方で、複雑な機能をたくさん備えていても、それを毎日使いこなすことは不可能です。多機能であることは、ある意味で過去の美徳になりつつあり、よりシンプルであることが要求されるようになってきています。「高度であること」と「シンプルであること」、この相矛盾する要素を両立させる工夫こそ、コントロールの真骨頂といえるでしょう。

今回お会いした多くの技術者の方々からは、共通して、これに通じる気概を感じることができました。

家電を使う私たちも、「道具なんだから、これくらいのものでいい」と考えるのか、「道具なんだから、まだまだ進化してほしい」と考えるのか——。家電は岐路に立っている、といえるのかもしれません。各機器がお互いに価値を高めあうような方向に進んでいくことが、これからの家電の「進化」にとって最も重要なことではないでしょうか。

謝辞

本書の作成にあたり、取材にご協力いただいた方々のお名前をここに記し、感謝の言葉に代えさせていただきます。

（敬称略・五十音順）

赤木 俊哉
有井 由香
飯塚 力巳
石井 響子
稲田 侑花
井上 真人
植松 道治
江上 絵里香
岡本 真吾
奥瀬 史郎
加藤 文生
小林 浩明
小林 浩之
近藤 貴幸
最相 圭司
酒井 伸一
坂口 陽一
柴田 裕史
嶋澤 祐子
清水 努
清水 宏明
鈴木 孝誠
高岡 洋一
髙德 祐一
高谷 昭広
瀧田 健児
竹谷 信夫
田原 啓太郎
中谷 徳夫
林 竜太
福田 秀樹
福冨 全代
前田 光
松岡 孝
溝口 節雄
持田 登尚雄
森 光広
森本 泰史
矢吹 隆宜
大和 一恵
吉田 裕之

さくいん

【アルファベット・数字】

【あ行】

【か行】

【さ行】

【た行】

【な行】

【ま行】

【や行】

【ら行】

N.D.C.500　302p　18cm

ブルーバックス　B-1948

すごい家電《かでん》
いちばん身近な最先端技術

2015年12月20日　第1刷発行
2016年5月24日　第3刷発行

著者　西田宗千佳《にしだむねちか》
発行者　鈴木　哲
発行所　株式会社講談社
〒112-8001 東京都文京区音羽2-12-21
電話　出版　03-5395-3524
販売　03-5395-4415
業務　03-5395-3615
印刷所　（本文印刷）慶昌堂印刷株式会社
（カバー表紙印刷）信毎書籍印刷株式会社
製本所　株式会社国宝社

定価はカバーに表示してあります。

ISBN978－4－06－257948－3

発刊のことば

科学をあなたのポケットに

二十世紀最大の特色は、それが科学時代であるということです。科学は日に日に進歩を続け、止まるところを知りません。ひと昔前の夢物語もどんどん現実化しており、今やわれわれの生活のすべてが、科学によってゆり動かされているといっても過言ではないでしょう。

そのような背景を考えれば、学者や学生はもちろん、産業人も、セールスマンも、ジャーナリストも、家庭の主婦も、みんなが科学を知らなければ、時代の流れに逆らうことになるでしょう。

ブルーバックス発刊の意義と必然性はそこにあります。このシリーズは、読む人に科学的に物を考える習慣と、科学的に物を見る目を養っていただくことを最大の目標にしています。そのためには、単に原理や法則の解説に終始するのではなくて、政治や経済など、社会科学や人文科学にも関連させて、広い視野から問題を追究していきます。科学はむずかしいという先入観を改める表現と構成、それも類書にないブルーバックスの特色であると信じます。

一九六三年九月　　野間省一